你一定要懂的
计算机知识

王贵水◎编著

北京工业大学出版社

图书在版编目（CIP）数据

你一定要懂的计算机知识/王贵水编著. —北京：北京工业大学出版社，2015.2（2021.5重印）

ISBN 978-7-5639-4182-7

Ⅰ.①你… Ⅱ.①王… Ⅲ.①电子计算机—普及读物 Ⅳ.①TP3-49

中国版本图书馆CIP数据核字（2014）第303300号

你一定要懂的计算机知识

编　　著：	王贵水
责任编辑：	韩　东
封面设计：	泓润书装
出版发行：	北京工业大学出版社
	（北京市朝阳区平乐园100号　邮编：100124）
	010-67391722（传真）　bgdcbs@sina.com
出版人：	郝　勇
经销单位：	全国各地新华书店
承印单位：	天津海德伟业印务有限公司
开　　本：	700毫米×1000毫米　1/16
印　　张：	11.5
字　　数：	125千字
版　　次：	2015年2月第1版
印　　次：	2021年5月第2次印刷
标准书号：	ISBN 978-7-5639-4182-7
定　　价：	28.00元

版权所有　翻印必究

（如发现印装质量问题，请寄本社发行部调换 010-67391106）

前　　言

在当今高度发达的信息化、数字化的社会，计算机已经完全融入我们的学习、生活和工作当中，因此，是否会用计算机成了当今社会衡量一个人能力的标准之一。但是，虽然我们经常接触网络，很多人却忽略了很多计算机的基本常识和实际操作技能。

你知道计算机的显卡和内存都有什么作用吗？计算机为何使用二进制？组成计算机程序的代码有什么意义？计算机是如何影响世界的，又将引导人类世界向何处发展？

身为现代人，计算机的基本常识和操作技能是你一定要学习和掌握的：如计算机的基本组成、鼠标与键盘的使用方法、文字的输入方法、档案和文件夹的管理、多媒体功能的实现、碟片管理、木马病毒入侵的危害等。

熟知计算机一些常用的基本知识，将会使你在网络世界遨游时更加得心应手，从此在计算机的世界畅行无阻。

本书清楚阐述了计算机相关的一些常识，重点阐述了计算机这门重要而又关键的新兴学科。本书内容深入浅出，重在实践，致力于让读者对计算机有更加深刻的理解和认知，掌握更多的技能。在这本书中，你还会发现许多你迫切想知道的计算机常识和秘籍，可以满足你工作和生活的需要。

当然，计算机知识是一门大学问，其中包含的内容不是这一本书所能囊括的。本书中所介绍的这些计算机常识，只是计算机知识海洋中的基本常识，随着时代的进步，计算机会更加智慧化、人性化，也会出现更有趣的计算机知识，这都等待着富有钻研精神和求知欲的读者去进一步挖掘和探索。

目　　录

第一章　信息时代的变革

计算机的诞生 / 2

计算机的特点 / 3

计算机的飞速发展 / 5

计算机为什么采用二进制 / 13

计算机程序设计语言 / 15

计算机操作系统 / 17

计算机逻辑判断能力 / 20

分子计算机 / 21

光计算机和量子计算机 / 22

计算机的特殊机房 / 24

多媒体计算机 / 26

第二章　计算机的基本组成与结构

计算机的内存和外存 / 29

计算机的操作系统 / 31

计算机的组成部分 / 34

硬盘的使用常识与技巧 / 35

应用软件和系统软件 / 39

计算机格式化 / 41

传输介质 / 46

硬盘存储器 / 47

输入与输出设备 / 48

显示器 / 48

打印机 / 52

闪速存储器 / 54

中央处理器 / 55

调制解调器——"猫" / 56

路由器 / 57

网卡 / 58

显卡 / 63

内存 / 66

主板 / 67

硬盘 / 69

电源 / 73

鼠标 / 74

键盘 / 78

微处理器的生产过程 / 80

光盘和光驱 / 82

DOS 的含义 / 85

第三章 计算机的工作原理及功能运用

计算机的工作原理 / 88

计算机数据处理方式 / 91

计算机使用范围分类 / 94

计算机CPU的不同分类 / 95

计算机的记忆能力 / 99

计算机的智力 / 101

计算机犯罪 / 103

计算机动画制作 / 104

计算机病毒 / 105

电脑设计师 / 106

计算机干活 / 107

多媒体终端 / 109

电脑制作影视特技 / 110

电子商务 / 112

计算机辅助设计与制造 / 115

计算机集成制造系统 / 117

电脑可以理解的语言 / 118

认识浏览器 / 120

通用网址 / 124

搜索引擎 / 126

第四章　计算机与信息网络技术

互联网 / 133

现代通信网络 / 134

远程通信的传输速率 / 137

公用分组数据交换网 / 138

光纤通信 / 139

网上银行 / 141

互联网求医 / 147

网络姻缘 / 149

网络学校 / 152

网络博览会 / 154

网络种菜 / 156

网络书籍 / 157

家庭办公 / 159

网上现代政府 / 160

网络搜索 / 166

互联网改变生活 / 170

第一章

信息时代的变革

　　计算机（全称：电子计算机；英文：Computer）是20世纪最伟大的科学技术发明之一，对人类的生产活动和社会活动产生了极其重要的影响，并以强大的影响力飞速发展。它的应用领域从最初的军事科研应用扩展到目前社会的各个领域，已形成规模巨大的计算机产业，带动了全球范围的技术进步，由此引发了深刻的社会变革。现如今，计算机已遍及学校、企事业单位，进入寻常百姓家，成为信息社会中必不可少的工具。计算机是人类进入信息时代的重要标志。

计算机的诞生

今天的社会已进入了信息社会,作为信息处理工具的电子计算机已经家喻户晓,应用到日常生活的各个领域。那么电子计算机是谁发明的呢?

第一台电子计算机,是1946年由美国宾夕法尼亚大学两位年轻的工程师埃克特(Eckert)和莫克利(Mauchley)制造的。这台计算机叫"埃尼阿克"(ENIAC,电子数字积分计算机),它采用了18 000个电子管,70 000个电阻,6000个开关,重30吨,占地170平方米,每秒可运行5000次加法计算。

这就是通常所说到的"世界公认的第一台电子数字计算机",这个说法被许多计算机基础教科书普遍采用,然而事实并非如此。

1973年美国最高法院就裁定:最早的电子数字计算机,应该是美国爱荷华州立大学的物理系副教授约翰·阿坦那索夫和其研究生助手克利夫·贝瑞(Clifford E. Berry,(1918~1963)于1939年10月制造的"ABC"(Atanasoff-Berry Computer)。原因是"ENIAC"研究小组中,莫克利(Mauchley)等人于1941年剽窃了约翰·阿坦那索夫的研究成果,并在1946年时申请了专利。由于种种原因直到1973年这个错误才被扭转过来。后来为了表彰和纪念约翰·阿坦那索夫在计算机领域内做出的伟大贡献,1990年美国总统老布什授予约翰·阿坦那索夫全美最高科技奖项——"国家科技奖"。

以上所说的只是制造电子计算机，而最早研制自动化计算工具的人是英国人查尔斯·巴贝奇（Charles Babbage，1791～1871）。他19岁就读于剑桥大学，他是运筹学和企业科学处理的创始人，英国皇家学会会员。但巴贝奇毕生的精力都用于研制计算机。他31岁时研制的机械式的加法机，能够自动完成整个计算过程。后来他又设想搞一台大型自动工作的分析机，包括五部分：输入命令的穿孔卡；控制运算自动进行的控制装置；叫作"工场"的运算装置；叫作"仓库"的存储装置以及自动输出结果的打印装置。这与今天的计算机何其相似。但由于当时的技术水平和工艺水平所限，终未能完成。巴贝奇死后73年（1944年）美国哈佛大学的艾肯（Aiken）在IBM公司（国际商业机器公司）的支持下，研制了一台自动程序控制的数字计算机，完全是按照巴贝奇的设想制作的。但艾肯比巴贝奇幸运，他使用了继电器，但这还不是电子计算机，只是机电式的。两年后，埃克特和莫克利用电子管制造出了真正的电子计算机。

计算机的特点

计算机的主要特点表现在以下几个方面：

1. 运算速度快

运算速度是计算机的一个重要性能指标。计算机的运算速度通常用每秒钟执行定点加法的次数或平均每秒钟执行指令的条数来衡量。运算速度快是计算机的一个突出特点。计算机的运算速度已由早期的每秒几千次发展到现在的最高可达每秒几千亿次乃至万亿次。这样的运算速度是何等的惊人!

计算机高速运算的能力极大地提高了工作效率,把人们从浩繁的脑力劳动中解放出来。过去用人工旷日持久才能完成的计算,计算机在"瞬间"即可完成。曾有许多数学问题,由于计算量太大,数学家们终其毕生也无法完成,使用计算机则可轻易地解决。

2. 计算精度高

在科学研究和工程设计中,对计算结果的精度有很高的要求。一般的计算工具只能达到几位有效数字(如过去常用的四位数学用表、八位数学用表等),而计算机对数据的结果精度可达到十几位、几十位有效数字,根据需要甚至可达到任意的精度。

3. 存储容量大

计算机的存储器可以存储大量数据,这使计算机具有了"记忆"功能。目前计算机的存储容量越来越大,已高达千吉数量级的容量。计算机具有"记忆"功能,是与传统计算工具的一个重要区别。

4. 具有逻辑判断功能

计算机的运算器除了能够完成基本的算术运算外,还具有进行比较、判断等逻辑运算的功能。这种能力是计算机处理逻辑推理问题的前提。

5. 自动化程度高，通用性强

由于计算机的工作方式是将程序和数据先存放在机内，工作时按程序规定的操作，一步一步地自动完成，一般无须人工干预，因而自动化程度高。这一特点是一般计算工具所不具备的。

计算机通用性的特点表现在几乎能求解自然科学和社会科学中一切类型的问题，能广泛地应用于各个领域。

计算机的飞速发展

1945～1955年可以看作是计算机的第一发展阶段，这一阶段是以电子管计算机为代表的。

第一代电子管计算机是在战争的硝烟中诞生的，因为在第二次世界大战中，美国政府为了开发潜在的战略价值，所以想要发展计算机技术。虽然是出于战略目的，但是这同时也促进了计算机的研究与发展。1944年霍华德·艾肯研制出全电子计算器，为美国海军绘制弹道图。这台计算器简称MK1，差不多有半个足球场那么大，它的体内含有500英里（1英里约合1.61千米）的电线，移动机械部件是使用电磁信号来完成的。它的速度很慢（差不多3～5秒才能进行一次计算），并且适应性也很差，只能用于专门的领域。但是，它既可以执行基本算术运算也可以运算复杂的等式，这就是最早的计算机雏形。

1946年2月14日，标志着现代计算机诞生的ENIAC

(The Electronic Numerical Integrator And Computer）在费城公之于世。ENIAC 代表了计算机发展史上的里程碑，它通过不同部分之间的重新接线编程，拥有并行计算能力。它是由美国政府和宾夕法尼亚大学合作研制开发，由 1.8 万个电子管、7 万个电阻器以及其他电子元器件组成。它身上有 500 万个焊接点，耗电量达 160 千瓦。虽然耗电量比较大，但是运算速度却比 MK1 快一千倍左右，因此它被称为第一台真正普通用途的计算机。

那么，第一代电子计算机有什么特点呢？它的主要特点是操作指令是为特定任务而编制的，并且每种机器有各自不同的机器语言，因此，所具有的功能会受到限制，并且运行速度也比较慢。但是，它有一个标志性的特征，就是它使用真空电子管和磁鼓来进行数据的储存。第一台电子管计算机的外形很大，占地面积差不多有 170 平方米，重达 30 吨左右，有 1.8 万个电子管，采用十进制计算，每秒能运算 5000 次左右。

1956～1963 年是计算机的第二发展阶段，这一阶段是以晶体管计算机为标志的。

为了弥补第一代计算机的缺点，科学家不断地努力探索，希望能够用一种比较小的元器件来代替电子管，以便提高计算机的运行速度。于是在 1948 年的时候，科学家发明了晶体管，它的出现大大促进了计算机的发展。这是为什么呢？因为研究人员发现，如果能够用晶体管来代替体积庞大的电子管，将使第一代计算机的升级成为现实，这样不仅能够减小第一代电子计算机的体积，而且还能够提高它的运行速度。

在 1956 年的时候，晶体管终于能够在计算机中得以使用，它和磁芯存储器的应用一起促成了第二代计算机的问世。与第一代电子管计算机相比，第二代晶体管计算机的体积小、速度快、功耗低，性能也变得更稳定。其实，晶体管的出现并不是为第二代晶体管计算机做准备的，它首先是被使用在超级计算机中的，主要用于原子科学的大量数据处理。但是，这些机器价格太昂贵了，因此不适宜大量生产，也就是说不可能普及起来。而第二代计算机与它有很大的不同。1960 年，第二代计算机被成功地用于商业领域、大学和政府部门。

第二代计算机所具有的优势，不仅是用晶体管代替了电子管，而且还具有现代计算机的一些外部设备，例如打印机、磁带、磁盘、内存、操作系统等。计算机的储存程序使计算机有很好的适应性，可以更有效地用于商业领域。并且，在这一时期也出现了更高级的 COBOL（面向商业的通用语言，又称为企业管理语言、数据处理语言等）和 FOR-TRAN（公式翻译器，是世界上最早出现的计算机高级程序设计语言，广泛应用于科学和工程计算领域）等语言，以单词、语句和数学公式代替了含混的二进制机器码，使计算机编程更加容易。这些新特点的诞生也促使了一些新的职业的出现，例如程序员、分析员和计算机系统专家等。

1964～1971 年是计算机的第三发展阶段，这一阶段是以集成电路计算机为标志的。

当计算机发展到晶体管计算机的时候，其所具有的功能与目前使用的计算机就有了一些相似。但是，它自身还是存在着很多的缺点。为了能够让计算机更好地为我们服务，科学家在第二代的基础上又研制了第三代计算机。

在第一代和第二代计算机中都存在着一个共同的弊端，那就是在运行计算机的时候会产生大量的热量。因为没有很好的散热方法，时间久了就会使计算机内部的敏感部分烧毁，这让科学家非常苦恼。后来，随着科学技术的发展，出现了集成电路 IC，是于 1958 年由得州（得克萨斯）的仪器工程师杰克·基尔（Jack Kilby）发明的。集成电路 IC 是将 3 种电子元件结合到一片小小的硅片上，这样就能产生、放大和处理各种模拟信号，并且能耗也比较低，也不会产生太大的热量，因此，科学家就根据集成电路 IC 的特点，将更多的元件集成到单一的半导体芯片上。这样不仅使计算机的体形变得更小，而且它所消耗的能量也减少了，运行的速度与之前的计算机相比更加快了。同时，更让科学家欣喜的是，利用集成电路后的计算机不会像第一代、第二代计算机那样产生那么多的热量了。另外，除了集成电路的发展外，在这一时期还发展了操作系统，并且成功地在计算机上进行运用，这样就使得计算机在中心程序的控制协调下，可以同时运行许多不同的程序。因此，集成电路计算机比前面的两代计算机有了更好的发展。

1972~1997 年是计算机的第四发展阶段，这个阶段是以大规模和超大规模集成电路计算机为标志的。

既然集成电路有那么多的好处，那么，如果能够大规模地应用集成电路会给计算机发展带来什么样的效果呢？在第三代集成电路的基础上科学家开始考虑这个问题。后来，经过他们的无数次试验，终于在集成电路的基础上扩大规模，研制出大规模集成电路，它能够在一个芯片上容纳几百个元器件。更让人惊奇的是，到了 20 世纪 80 年代的时候，出现了超大规模集成电路 ULSI（Ultra-Large-Scale Integdation），它能够在一块小小的芯片上容纳几十万个元件。后来随着超大规模集成电路的不断发展，能够将运算数字扩充到百万级。

因此，大规模和超大规模集成电路的发展，使在硬币大小的芯片上容纳大量的元器件成为现实，从而也使计算机的体积大幅下降，从巨型计算机变成了小型计算机，并且第四代计算机的功能与可靠性也比前三代的计算机大大增强。

这种计算机于 20 世纪 70 年代中期问世，这时的小型计算机具有友好界面的软件包，并且还有供非专业人员使用的程序以及最受欢迎的文字处理、电子表格程序等。这一领域的先锋计算机有（Gommodore、RadioShack 和 Apple Computers 等）。

随着计算机的不断发展，1981 年 IBM 推出个人计算机 IBM-PC，这是一种能够用于家庭、办公室和学校的小型计算机。1983 年它又推出了扩充机型 IBM-PC/XT，这一新产品的诞生引起了计算机业界的极大震动。其实，IBM 的成果一方面是与科学的飞速发展有关系，另一方面也与它的先进工艺有关。当时，IBM 个人电脑所具有的特点是先进的设计（使用 Intel8088 微处理器）、丰富的软件（有 800 多家公司以它为标准编制软件）、齐全的功能（通信能力强，可与大型机相连）、便宜的价格（生产高度自动化，成本很低）等。因此，它能快速地占领市场，并且取代了号称"美国微型机之王"的苹果公司，成为微型计算机行业中的老大。

整个 20 世纪 80 年代是个人计算机发展最迅速的年代，

无论从技术上还是从价格上，个人计算机的发展都充满了竞争。因此，计算机的价格不断地下跌，数量也不断地增加，体积不断地缩小，功能不断地增强。特别是在互联网出现之后，计算机的发展更是势不可挡：它正慢慢地走上千家万户的书桌。

计算机发展的第五阶段可以看作为1998年至今的这段时间，以微型计算机为标志。

第五代微型计算机是在第四代计算机的基础上发展起来的，它是为了解决第四代的不足而出现的。它的关键之处是并行处理技术的应用，也就是说多个处理器之间的联网工作。那么，并行处理都有什么好处呢？其实在并行处理中，两个或者更多相互连接的处理器可以同时处理同一个应用程序的不同部分，但是要如何将待处理的问题划分开来，以便使多个处理器能够同时去处理同一个问题的不同部分呢？又如何将处理结果组合成完整的答案呢？这向研究者提出了一个难题。

然而，由于第五代计算机在速度方面具有一定的优势，因此，解决上述问题并不难。这也是并行处理技术能够快速发展的原因，第五代计算机的出现为我们打开了一片全新的待开发领域。另外，网络化也促进了多任务工作方式发展，通过将分布式数据联网，不同的计算机处理器就可以并行运行多个应用程序，处理结果按序号完整组合。

计算机行业正在发生着翻天覆地的变化，视窗界面的开发可以使用户能够打开多个窗口，同时也能实现多个不同的应用程序相关联。因此，不管这些应用程序在网络上的什么地方，只要我们轻轻地一点鼠标就能操作这些程序了，这使不同部门之间的并行工作成为可能。从严格意义上来讲，计算机发展的第六阶段与第七阶段并不能完全独立出来。从第五代计算机衍生出来的第六代计算机和第七代计算机，由于技术尚未成熟，还没有普及，因此我们可以认为计算机发展的第六、第七阶段尚没有具体的时间划分。

自从电脑走进我们的生活以来，人们便利用它去进行工作、学习以及做其他的事情。虽然第五代计算机已经具有了比前四代更加先进的功能，但是它依然无法满足人们的需要。随着科学技术的不断发展，目前出现了第六代电子计算机，也被称为智能电子计算机，它是一种比第五代计算机更适合人们工作、生活使用的新一代计算机。

那么，什么是智能计算机呢？其实它就是一种有知识、会学习、能推理的计算机。更神奇的是，它还具有理解自然语言、声音、文字和图像的能力，能够实现人机用自然语言直接对话。另外，它可以利用已有的和不断学习到的知识，进行思维、联想、推理，并得出结论，能帮助人类解决复杂的问题，具有汇集、记忆、检索等能力。智能计算机突破了传统的计算机的概念，运用了许多新技术，把许多处理机并联起来，使它能够同时处理大量的信息，这样就大大提高了计算机的速度。它的智能化人机接口使人们不必再去编写程序，只需要发出命令或提出要求即可。只要接受这样的指令，电脑就会自动完成推理和判断，并且进行解释。

既然电子计算机可以具有人的特性，那么，是不是能够研制出一种可以模仿人的大脑判断能力和适应能力，而且还具有并行处理多种数据功能的神经网络计算机呢？答案是肯定的，这就是第七代计算机诞生的根本原因。第七代计算机与以逻辑处理为主的计算机不同，它本身能够判断对象的性质与状态，并能采取相应的行动，而且它可以同时并行处理实时变化的大量数据，并得出结论。前面几代计算机的信息处理系统只能处理条理清晰、经络分明的数据。而人的大脑活动具有能处理零碎、含糊不清的信息的灵活性，第七代电子计算机具有和人类大脑差不多的智慧和灵活性。

我们知道，人的大脑约有100亿个神经元，并且与数千个神经元交叉相连，它的作用就相当于一台微型电脑，但是，人脑的运行速度要比电脑快得多，它每分钟的总运行速度相当于每秒1000万亿次电脑的功能。因此，如果能够制作出和人脑差不多的神经网络计算机，计算机的运行速度将会得到更大的提高。那么，这样的电脑具有什么样的构造特点呢？

它是用许多微处理机来模仿人脑的神经元结构，并且采用大量的并行分布式网络来构成神经网络电脑。神经网络电脑除了有许多处理器外，还有许多类似神经的节点，而且每个节点与许多其他的点相连。如果把每一步运算分配给每台微处理器，它们同时进行运算的话，信息处理速度和智能水平将会大大提高。此外，神经网络计算机存储信息的方式与传统计算机是不一样的，它的信息不是存储在存储器中，而是存储在神经元之间的联络网中。假如有节点断裂，神经网络计算机仍有重建资料的能力，并且它还具有联想记忆、视觉和声音识别功能。

目前，日本科学家已经开发出了神经网络计算机所要使用的大规模集成电路芯片，那是一个在1.5平方厘米的硅片上可设置400个神经元和4万个神经键的小片，别看它个头小，却能实现每秒2亿次的运算速度。另外日本一家电气公司还推出了一套神经网络声音识别系统，运用这种系统能够识别出任何人的声音，正确率可以高达99.8%。

据说，美国研究出了由左脑和右脑两个神经块连接而成的神经网络电子计算机。在这台计算机中，右脑是经验功能部分，差不多有1万多个神经元，适合用来进行图像识别；左脑是识别功能的部分，含有约100万个神经元，适合用于存储单词和语法规则。

现在，在纽约、迈阿密和伦敦的飞机场已经在使用神经网络电脑来检查爆炸物，每小时可以检查600～700件行李，能够把爆炸物检查出来的概率为95%，误差率仅为2%。由此可以看出，神经电子计算机将会广泛应用于各领域，因为它具有识别文字、符号、图形、语言以及声呐和雷达收到的信号，识别支票，对市场进行估计，分析新产品，进行医学诊断，控制智能机器人，实现汽车和飞行器的自动驾驶，发现、识别军事目标，进行智能指挥等功能。好像人类能够做的事情它也都能做到一样，甚至有些功能还超过了人类的能力。这不能不说是科学技术给人类送来的重大礼物！

计算机为什么采用二进制

计算机中的一切计算都是用二进制进行的。平时我们用的十进制是逢十进一，二进制则是逢二进一。我们用的算盘事实上有两种用法，一种是十进制，一种是十六进制。算盘中代表"五"的珠有两个，最上面的那个就是用于进行十六进制运算的。

为什么电脑中非要采用二进制呢？主要原因是做一个二进制的电路比较简单。因为二极管有单向导电性，即总处于导通与不导通两种状态之一。若通代表1，不通代表0，则0与1刚好表示出二进制的全部数码。二极管的两个状态：通与不通，决定了由它制出的电脑必然采用二进制。如果有一种电子元件有10个状态可以利用，那么电脑就有可能采用十进制了。但有10个状态可利用、像二极管那样可用于制造电脑的电子元件在现实中还没有发现，所以人们不会舍近求远。因此电脑中的运算至今仍采用二进制。

我们平时用电脑时感觉不到它是在用二进制计算是因为电脑会把你输入的十进制数自动转换成二进制，算出的二进制数再转换成十进制数显示到屏幕上。但是最早的计算机可不会这样，你必须自己把输入的数据转换成二进制才行。

最早的计算机程序是由二进制组成的数码，编程人员必须记住每个代码的意义。这和记电话号码差不多，而且这些数码还是二进制的，其困难程度可想而知。因此，那时程序是非常昂贵的。即便如此，人们还是为计算机的发展不遗余力，因为计算机有个好处：一旦编好程序，以后还可再利用。于是，经过几十年的努力，人们已经能用高级语言与计算机打交道。原来的机器代码是人与电脑打交道的一种"语言"，它是一种低级语言，机器能懂得这些二进制代码，一般人员却不懂。现在人们发明了高级语言，它近似于自然语言，比如你写 begin 电脑知道是开始，写 end 电脑知道是结束。这是由于人们编了一个特定的程序，它能把 begin、end 等这些单词（甚至声音）自动翻译成电脑认识的机器码，所以现在的电脑编程序比以前"容易"得多。

计算机程序设计语言

我们知道，要使计算机按人的意图运行，就必须使计算机懂得人的意图，接受人的命令。那么，人要和机器交换信息，就必须要解决一个语言问题。为此，人们给计算机设计了一种特殊语言，这就是程序设计语言。程序设计语言是一种形式语言。语言的基本单位是语句，而语句又是由确定的字符串和一些用来组织它们成为有确定意义的组合规则所组成。

程序设计语言是人们根据实际问题的需要而设计的，目前可以分为三大类：一是机器语言，它是用计算机的机器指令表达的语言；二是汇编语言，它是用一些能反映指令功能的助记符表达的语言；三是高级语言，它是独立于机器、接近于人们使用习惯的语言。

在计算机科学发展的早期阶段，一般只能用机器指令来编写程序，这就是机器语言。由于机器语言直接用机器指令编写程序，无论是指令还是数据，都须得用二进制数码表示，给程序编制者带来了很多麻烦，需要耗费大量的时间和精力。为了解决这个问题，使程序既能简便地编制，又易于修改和维护，于是出现了程序设计语言。

程序设计语言一般分为低级语言和高级语言。低级语言较接近机器语言，它是用由英文字母的助记符代替指令编码，用英文字母和阿拉伯数字组成的十六进制数代替二进制数，从而避免了过去用来表示指令、地址和数据的令人烦恼的二进制数码问题。典型的低级语言是汇编语言。正因为汇编语言是低级语言，所以它对机器依赖性较大。不同的机器有不同的指令系统，所以，不同的机器都有不同的汇编语言。

　　高级语言则是独立于指令系统而存在的程序设计语言，它比较接近人类的自然语言。用高级语言编写程序，可大大缩短程序编写的周期。高级语言比汇编语言和机器语言简便、直观、易学，且便于修改和推广。

　　目前，世界上已有许多种类的程序设计语言。由于计算机本身只认识它自己的机器指令，所以对每个程序设计语言都要编制编译程序或解释程序。编译程序、解释程序是人和计算机之间的翻译，它负责把程序员用高级语言编写的程序翻译成机器指令。这样，计算机才能认识这程序，这程序才可以上机运行。

　　由于不同的程序设计语言有不同应用范围，至今还没有一种程序设计语言能把所有应用包含在内。现在广为应用的几种语言中，FORTRAN 侧重科学计算，BASIC 善于人机对话，PASCAL 着重结构设计，COBOL 长于报表处理。

　　人们交流思想、传递信息要使用语言这个工具。我们要让计算机为我们工作，也必须同计算机交流信息，同样有个语言工具问题。学习使用电子计算机，主要就是学习电子计算机的语言。

电子计算机语言分三类：

（1）机器语言：它是用二进制数 0、1 的不同排列来传递信息，是目前的电子计算机唯一能直接接受的语言。这种语言程序难编、难读、难记、难改，但却能充分发挥机器的作用。

（2）符号语言：它是以符号化的码子代替二进制码。

符号语言比机器语言容易记忆，但仍难编、难读。对于初学者和一般使用计算机的人，可以不必学习机器语言和符号语言。

（3）高级语言：这种语言比较接近人们的自然语言和数学语言，比较直观、易编、易读，而且通用性强。

高级语言的出现（20 世纪 50 年代末），极大地促进了计算机的发展和普及，有人说这是"惊人的成就"。

电子计算机并不能直接识别高级语言，而是必须将高级语言"解释"成机器语言才能接受，所以使用高级语言会使计算机的运行速度降低几倍甚至十几倍。但这是我们不得不付出的代价。

计算机操作系统

我们已经知道，计算机本身是由电脑指令——不易输入和阅读的二进制代码所指挥的，人又要用普通语言对计算机下命令，这就要求人机之间有个较为友好的用户界面。这一界面可当作是指挥电子计算机基本操作的程序，这就是我们常说的操作系统。

最常见的操作系统就是 DOS，即磁盘操作系统（Disk Operation System）的英文缩写。自 1981 年以来，它已成为微机操作系统的标准。一般计算机启动以后都要先进入 DOS，DOS 提供许多内部命令和外部命令供使用者实现人机对话，还可以在中文平台上使用中文操作系统 CCDOS、UC-DOS 或 WM-DOS。目前使用的 DOS 版本主要有 IBM 公司和 Microsoft 公司开发的产品，其中后者的 MS-DOS3.3 和 MS-DOS6.0、MS-DOS6.2、MS-DOS6.22 是目前电子计算机经常选用的版本。但无论是使用何种版本，都要求操作者熟练记忆和使用基本的内、外部命令，实现对计算机资源的充分利用。

DOS 的功能尽管很强，但也有几个明显的缺点。主要是命令太多，不易记忆；高版本 DOS 设置复杂；人机界面不够友好；在一段时间内只允许运行一个程序；等等。于是，一些研究人员试图开发一种新的控制计算机的方式，即建立一个可见的、使用者容易理解和操作的环境。这种环境就是大家所说的 Windows，它的中文意思就是窗口。

Windows（简称 Win）是微软公司基于图形的环境，对 DOS 系统的扩展，它以丰富多彩的图形界面提供了比以往微机（PC）上的任何系统更直观、更有效的工作环境，使用户不必了解机器的硬件及操作系统，也不用记忆太多的命令，就能应用自如地使用 Win 系统。Win 环境中应用程序的基本外观相同，每个程序占用一个窗口，程序中绝大多数功能均可利用菜单来执行。由于用户界面的一致性，所以只要学会了 Win 中的一个应用程序，就可以很快掌握其他程序的使用方法。

Win 的应用程序接受输入，并对键盘和鼠标器的输入采取相同的处理格式。它同时还是一个多任务系统，一次可以运行多个应用程序，每个应用程序都有各自的窗口。它对用户也特别友好，用下拉菜单和对话框代替 DOS 提示符，而 DOS 命令也被 Win 画面所代替。它还支持鼠标界面，这就使用户完全可以从 DOS 命令的重负中解脱出来。

Win 是当今最受欢迎的软件开发环境之一。许多著名的软件公司都在 Win 的环境中开发软件。许多公司还推出了 Win 环境下的软件版本，甚至游戏。Win 的出现，也为个人电子计算机（PC）操作系统的开发开拓了思路。微软公司对发展 Win 向来不遗余力，自 20 世纪 80 年代末推出第一个版本以后，一直致力于向更完美的方向努力，到现在已先后推出了 Win 3.1、Win 3.2、Win 3.22、Win 95、Win 2000、Win XP、Win 7 等主流版本，并且开发出了这些版本的中文简体版。其中 Win 95 是微软公司 1995 年推出的拳头产品，其界面更为优美丰富，其使用更为简易方便，还增强了用于网络的功能，迅速风靡了全世界。之后的 Win 版本都受 Win 95 的影响，都以此为模板进行拓展。当然 Win 95 也要求较高的硬件支持，CPU 至少要 386DX，内存至少 8 兆，程序本身的存放空间也达到了 130 兆字节以上。但其便捷、实用的特点在当时确实让许多人着了迷。

随着计算机的发展，Windows 已经占据了操作系统的主流，取代了 DOS 系统，但在进行一些专业性强的操作时，人们还是需要使用 DOS 系统。

计算机逻辑判断能力

　　计算机不仅具有运算能力，而且还具有逻辑判断能力，例如判断一个数大于还是小于另一个数。有了逻辑判断能力，计算机在运算时就可以根据上一步运算结果的判断，自动选择下一步计算的方法。这一功能使计算机还能进行诸如资料分类、情报检索、逻辑推理等具有逻辑加工性质的工作，大大扩大了计算机的应用范围。

　　那么，电子计算机为什么会有这种能力呢？

　　原来它是借助于逻辑运算来做出逻辑判断的，它能够分析命题是否成立，并且还可以根据命题的成立与否而采取相应的对策。例如，数学中有个"四色问题"，理论认为不论多么复杂的地图，如果想要使相邻区域颜色不同，那么最多只需4种颜色就够了。从很久以前，不少数学家就一直想去证明它或者推翻它，但是一直没有成功，这一个问题也就成了数学中著名的难题。然而，有意思的是，1976年两位美国数学家借助于电子计算机进行了非常复杂的逻辑推理验证，从而使这个困扰了数学家们近一百年的问题终于被解决。同时，这也证明了计算机的逻辑运算能力是多么强大而精确。

分子计算机

研究人员正在开发与目前使用的电子计算机截然不同的新计算机，分子计算机就是其中之一。

电子计算机是通过硅芯片上的电子来传送信息，而分子计算机是以生物分子（DNA和蛋白质等）的碱基排列来传输信息，通过分子之间的化学反应来进行运算。如果在试管里加入经过适当加工的DNA（脱氧核糖核酸），就可以随意进行碱基排列，进而得出运算结果。

分子计算机有超排列性、节能性和小型的特点，前景非常为人看好。值得一提的是，分子计算机在电子计算机很难解决的排列问题上可以大显身手。

分子计算机的最初设想并无多大新意，其基本想法认为"计算"不是计算器和计算机独有的东西，而存在于人类所处的自然现象中。例如往地上撒沙子时，尽管沙粒一颗颗往下落，但却可以形成一座呈放射状的沙山。可以认为，这种现象中包含形成放射状沙山的"计算"。

一般来讲，通常所说的"计算"有一些明确的目的。即使沙山中存在错综复杂的"计算"，也不能帮助我们检索出最短的出差路线。问题在于，我们如何控制这种自然界存在的"计算"能力，使之有目的地运算。

南加利福尼亚大学研究人员1994年首次成功地进行了这一试验，即在解决排列问题上加以应用。虽然此次试验规模很小，但是充分预示了未来的可能性。以这一试验为契机，世界各国的开发工作变得活跃起来。

2002年1月，由日本奥林巴斯光学工业公司和东京大学组成的天空小组，成功地研制出用于解读基因的DNA计算机。这是一种由DNA计算部分和电子计算部分组成的混合计算机，在试管阶段的研究上前进了一步，是世界上第一台有实用性的DNA计算机。今后，经过鉴定试验后，DNA计算机可望在基因诊断方面得到应用。

现阶段，分子计算机有望在解读需要进行大量计算的基因序列，以及在人体内进行诊断的医疗计算机等方面加以应用。分子计算机的用途现在还很有限，恐怕今后也不可能完全取代电子计算机。

尽管在研制出分子计算机的初期，其主要用途是进行特殊的科学技术计算，甚至有人预测世界上只有数台的需求量。但是未来也许还会出现令人耳目一新的台式分子计算机和掌上分子计算机，真正走入人们的日常生活。

光计算机和量子计算机

光计算机是由光子元件构成的，利用光信号进行运算、传输、存储和信息处理的计算机。光计算机的运算器件、记忆器件和存储设备的工作都是用光学方法来实现的，也就是利用光子代替电子传递信息的计算机。光计算机不仅具有电子计算机的全部功能，而且由于光子以每秒30千米的速度平行传播，是电子运行速度的 300 倍，所以，光计算机与电子计算机相比，还具有以下几个突出特点：

（1）光计算机具有 N×N 的并行处理能力。光的平行传播性，可以保证成千上万条光同时穿越一块光子元件的不同通道而不会互相干扰。

（2）光计算机计算精度高，运算速度极快。光计算机比现行电子计算机运算速度快一千倍。

（3）因为光的信息携带能力强，所以光通道携带的信息比电通道多得多，且光子存储器能够快速和并行存取数据。

光计算机按工作原理可分为模拟式和数字式两种。模拟式是利用光学图像的二维图像直接进行运算，而数字式完全采用电子计算机的技术结构，只是用光子逻辑元件取代电子逻辑元件。在 20 世纪 80 年代欧洲就开始研制光计算机。据悉，1984 年 5 月欧洲八所大学联合研制成了世界上第一台光计算机。20 世纪 90 年代初美国也研制出了光计算机的模型机。目前，单元的光学逻辑器件、光开关器件、光存储器件已经问世，作为光计算机的外部存储设备的光盘技术已相当成熟。21 世纪光计算机的应用将会成为现实。

如果计算机元件的尺寸进一步变小，计算机的尺寸也会变得非常之小。不过，当计算机微型化发展到一定程度时，就必须用新技术来补充或取代现有的技术。20 世纪 80 年代初，经过美国阿贡国家实验室的研究，证明了一台计算机原则上可以以纯粹量子力学的方式运行。由于微小的粒子（如原子）只能以分立的能态存在，当原子从一个能态变到另一个能态时，要吸收或放出光子，而量子波又具有叠加性，一位量子信息只有两种可能情况中的一种，类似于数学的二进制。研究人员利用粒子的自旋转，成功地进行了简单的两位量子的逻辑运算。实验证明可以建立通用量子逻辑门（NOT、COPY、AND），再通过光纤把这些量子逻辑门连在一起，利用光纤或单个光子能够把信息位从一个逻辑门运送到另一个逻辑门。这样，在理论上就可以成为一台量子计算机了。

量子计算机是通过使处理数字信息的人们熟知的分立特性与量子力学奇异的分立特性相对应而进行计算的。在量子计算机中半翻转的量子位则开辟了新型计算的途径。量子计算机具有量子并行性和运行速度非常快的特点，它可以用于模拟其他的量子系统，可以用于大数量的分解因子。现在量子计算机正在研制实验阶段。

大型计算机的特殊机房

看见过大型计算机的人都知道，大型计算机一般都放置在特殊的机房里。机房里没有窗户，处于密封状态；地板、墙壁和天花板都经过特殊处理：铺着防静电的地板，贴着壁纸；机房装备有空调设备；有能在停电时负责供电的不间断电源；还有超净工作间等；在机房工作的人都穿着大褂、戴着帽子，脚上穿着只能在机房里穿的拖鞋……为什么要这么特殊呢？

我们知道，大型计算机是一种非常精密的仪器，它对环境的要求很苛刻，尤其是作为大型计算机主要外存设备的磁盘机。磁盘机内装着磁盘组——它是记录数据信息的载体，就像我们平常用的纸；还有多个磁头——它是记录和读取数据信息的工具：记录数据时，它是笔；读取数据时，它是眼睛。在进行读写操作时，磁头距磁盘盘面的距离一般只有几微米。要保持这样小的距离，磁头和磁盘盘面又不能接触，这就要求盘面与磁头的相对位置绝对准确，不能有丝毫偏差，盘面要绝对光洁。试想，如果有一粒直径几微米的灰尘掉在盘面上，那很可能就会磨坏磁头，划坏磁盘，造成数据丢失、系统瘫痪，损失是极其严重的。为了防止无孔不入的灰尘钻进去破坏磁盘，就必须采取一系列防尘措施，诸如密封、贴壁纸、穿大褂、穿拖鞋等，尽量减少机房里的灰尘数量。此外，温度和湿度的变化也会对计算机构成威胁，严重时会影响机器正常工作，所以必须给它装上空气调节器，以调整机房内的温度和湿度，避免夏天温度过高，冬天温度过低。再者，计算机每时每刻都在运行，机内有许多运行着的活的程序和数据。如果突然停电，正在运行的程序就会被粗暴地中断，还没来得及存入外存储器的数据和程序就会丢失，这种损失往往是无法估量的。为了防止此情况发生，就要给计算机配备应急的不间断电源。当发生停电事故时，立即启动不间断电源，由它来继续向计算机供电，以便操作人员有时间进行处理存储数据、保护程序等工作，避免因断电造成重大损失。

不过，微型计算机或个人计算机并不需要这种特殊环境。这种计算机体积很小，对环境要求不高，在一般条件稍好一些的办公室里就可使用，无须专门的特殊机房。这种计算机使用方便、操作简单，不需要特殊维护。它还有一个突出的优点，就是价格便宜。由于它的这些优点，目前，微机已在各行各业得到广泛的推广和应用。

多媒体计算机

"多媒体"的使用率现已日益频繁，其英文是Multimedia，指的是文本、声音、图形或图像、视频及动画等媒体形式的组合。多媒体计算机是指能处理这种多种媒体组合形式的计算机，虽然有的计算机只能处理声音、图形或图像，而有的计算机只能处理动态视频，但它们都被称为多媒体计算机。

多媒体计算机简称MPC。1990年11月，由微软公司牵头制定了《多媒体计算机标准1.0版》。

多媒体为何一问世便受到广大用户的青睐呢？

因为它使你的工作更加生动和丰富多彩，并且更多地介入你的生活中。对于家庭来讲你可以建立自己的家庭影院，随心所欲而不受时间的限制，再没有在电影院剧终人散依然意犹未尽的遗憾感了；对于工作还可以用多媒体进行包装，对普通文档演示使其图文并茂；可以边工作边欣赏优美的乐曲；还可以用丰富的多媒体软件学习，随时随地为自己"充电"；甚至可以用计算机作曲，过一把作曲家的瘾！多媒体计算机能充分发挥你的想象力和创造力，让你在生活、学习、工作中畅游第四媒体。

眼下，"第四媒体"是一个颇为流行的名词。

所谓"第四"是相对于我们早已熟悉的报刊书籍、广播、电视三种媒介而言。"第四媒体"包含"广义"和"狭义"两层含义。从广义上来讲：网络"先天"具有媒体的特质，本身就是一个综合性较强的大媒体。从"狭义"上来说，"第四媒体"是基于互联网的一个大众媒体，在信息量方面具有得天独厚的优势。但是，前三种媒体需要大量的人力、物力、财力，如果受到地域或人为干预的影响，其传播效果将会大大降低。而"第四媒体"不受地域、时空的限制，把图形、图像、文字、声音等融合在一起，通过互联网发送给全球的观众，其发放信息的实时性和持久性也是其他媒体所无法与之相提并论的！"第四媒体"让全世界网民不受语言、时间、地域、肤色的限制，成为自己永久的观众，从而使"第四媒体"魅力四射！这令其他媒体都自叹弗如。它可以轻而易举地击败竞争对手，立于不败之地，可谓疾风劲草！

在"第四媒体时代"，网络空间信息空前丰富，相对来说观众的注意力成为一种短缺资源，有人把虚拟空间的竞争称为"争夺眼球的战争"，其激烈程度不亚于现实世界中的广告大战！

第二章

计算机的基本组成与结构

　　计算机的基本组成主要可以分为两方面来详述。从硬件上来说，计算机都是由最主要的三块：主机（主要部分）、输出设备（显示器）、输入设备（键盘和鼠标）组成。而主机是电脑的主体，然后从这三块里面又分为若干个小块，主要表现在主机上，主机箱里面包括主板、CPU、内存、电源、显卡、声卡、网卡、硬盘、软驱、光驱等硬件。从基本结构上来讲，计算机可以分为五大部分：运算器、存储器、控制器、输入设备、输出设备。

计算机的内存和外存

我们大家都知道，计算机具有"记忆"能力。正是由于有这种记忆能力，才能保证机器自动而快速的运算，可以为人们提供需要的数据或结果。

在计算机中用来完成记忆功能的设备叫作存储器，它的职能就是用来"记住"计算机运算过程中所需要的一切原始数据、运算指令以及中间结果，并且根据需要还能快速地提供数据和资料。

当我们做各种数学演算时，需要用我们的大脑来记住被运算的原始数据，加、减、乘、除四则运算法则，乘法九九表以及演算的中间结果，等等。谁能记住的数据和法则越多，反应越快，谁的计算能力就越强。当数据太多时，大脑就记不过来了，就得要写到纸上或笔记本上，用来帮助大脑记忆。

计算机的存储器也跟人们在演算过程中，运用大脑和纸、笔记本记忆的原理一样。我们把计算机内相当于大脑作用的存储器称作"内存储器"，也称"内存"；而相当于纸和笔记本作用的叫作"外存储器"，也叫"外存"。

内存储器直接和运算器配合工作。运算器需要数据时，内存储器就迅速供给；运算器想把计算结果保留下来，内存储器就迅速替它存储起来。这种来来往往的打交道有一个特点，就是动作非常快，否则不能适应运算器的快速运算。内存储器具有快速的特点，它的职能就是用来存放参加计算的数据、运算指令和中间结果。计算机的内存储器经过磁芯、半导体、集成电路和大规模集成电路几个阶段的发展，现在普遍使用的是大规模的集成电路内存。随着集成度的提高，内存容量已经大大增加，但由于寻址能力等技术条件与经济实用等因素的限制，内存储器的容量终归是有限的。

外存储器的特点是容量大，作为内存储器的补充，就像纸和笔记本对大脑的补充一样。它把大量的暂时不直接参与运算的数据、指令和中间结果存放起来，当需要时可以成批地补充给内存储器，以参加运算。正如我们的大脑可记住的东西有限，而笔记本可记录的东西却可以足够多一样，计算机外存储器的容量也是足够大的。最初，计算机的外存储器一般由磁盘机、磁带机和软磁盘机等担任；如今，硬盘、U盘、光驱完全取代了它们。充当外存储器的磁带机和软磁盘机与我们所熟悉的录音机原理一样。假如我们有一台录音机，就可以用它录制许许多多的存储数据。一片软盘或一盘磁带满了，可以再换一盘。这样，就使得它的存储能力相当大。但是总是换"磁带"是很麻烦的，科学家们便开发出超大容量存储设备来解决这一问题，于是，硬盘、U盘、光驱出现了。

我们已经知道内存储器具有快速的特点，而外存储器容量大，造价相对较低。采用内外存储器相结合的办法，就圆满地解决了技术上的困难、经济上的合理等问题。

计算机的操作系统

操作系统是为了提高计算机的利用率和方便用户使用，以及提高计算机的系统响应速度而给计算机配备的一种大型系统程序，用它来实现计算机系统自身的硬件和软件资源的管理。

未配置操作系统和其他系统软件的计算机称为裸机。直接使用裸机，不仅不方便，而且人的工作效率和机器的使用效率都无法提高。操作系统为用户提供一套简单的操作命令，并为设计语言处理程序、调试程序等系统软件提供方便。裸机配备操作系统和其他系统软件后，便成为一台既懂命令又懂各种高级语言、使用操作十分方便的计算机系统。

由于计算机的中央处理器与外部设备在工作速度上存在很大悬殊，中央处理器执行一条指令的时间为微秒或毫微秒，而外部设备的存取时间往往要几十毫秒或更长，两者相差成千上万倍。为了充分发挥整个计算机系统的效能，在同一规定的时间内，让计算机系统，特别是中央处理机做更多的工作，由此产生了多道程序运行的思想。比如，当甲程序需要使用速度较慢的外部设备时，把相应的外设分配给它，立即让乙程序占据主机运行。乙程序需要使用外设时，又让丙程序运行。直到甲程序交给外部设备的任务完成后，再恢复甲程序的运行。如此往复。

随着计算机技术的发展，计算机的应用范围也越来广。从计算机技术角度来看，其应用领域可分为三类：批处理、实时处理和分时操作。

批处理是指计算机具有多道程序运行能力后，把若干个用户的任务，成批地交给计算机，然后由计算机来对各个任务进行调度处理，就像前面所举的例子那样，直到完成用户提交的全部任务。

实时处理则是指计算机系统根据外部"请求"的信号，在规定的时间内处理这一请示。当然，在处理完紧迫请示之后，在下一个请求到来之前，计算机还可以照旧执行其他的例行任务。

所谓分时系统，是指在计算机系统同时为多个终端用户所用的情况下，由中央处理器每次分配给每个用户一小段时间，称为一个时间片，依排队先后次序或优先权等办法，轮流为每个用户服务。由于中央处理器速度极快，所以用户感觉不到分时，只会觉得是自己在独享计算机。

对于多道程序，批处理、实时处理或分时操作，都有一个调度管理问题。于是，就形成了操作系统的初期阶段——管理程序。这种程序本身不能产生直接数据处理的结果，但它却对许多程序的运行全过程起着调度管理的作用。

随着现代计算机的运行环境越来越复杂，起调度管理作用的管理程序走向了操作系统。除了做以处理机为主要对象的管理外，还进行存储空间的分配与调度，对各种外存文件进行调度管理、外部设备分配调度管理、数据通信的控制管理等。

操作系统主要有下述功能：

（1）处理机管理。主要是作业调度管理和进程调度管理。作业调度管理程序的职能是从一批已提交给计算机的后备作业中,按照一定的算法挑选作业,使其转入运行状态,一旦作业完成,则把该作业撤销。转入运行状态的作业,意味着作业进程已建立,该作业已具备占有处理机的权利。至于什么时候才能真正占有处理机进入运行,则取决于进程管理程序的调度。如何在不发生冲突的前提下,既能有效地完成所有已提交的作业,同时又能使处理器发挥最大的效能,使处理器空闲时间减至最少,这就是处理器管理要解决的主要问题。

(2) 存储管理。存储管理程序负责为进入运行状态的作业分配适当的内存空间。由于作业的大小不同,内存分配表和空白区的大小及部位在运行过程中不断地变化,因此,这种内存分配必须是动态的。存储管理程序还承担存储保护任务。由于在同一时间内,内存中可能储存着许多不同作业的数据和程序,还有一些系统软件也占用一定的内存空间,为了防止因各程序互相越界访问而发生混乱,必须采取相应的内存保护措施。存储管理程序还负责存储空间的扩充。一种是虚拟存储方法。当实际地址空间小于直接寻址能力时,可以把超出实际地址空间的部分放在磁盘或磁带上,使用户看起来觉得:计算机可直接寻址的逻辑地址空间有多大,用户可以支配的存储空间就有多大。另一种是计算机直接寻址能力小,而实际的内存容量可以扩大。这时就是如何把逻辑地址空间映射到实际地址空间的问题了。

(3) 输入/输出管理。由于计算机的外部设备种类和数量很多,为了避免或减少中央处理机因等待那些速度较慢的外部设备操作而占用的时间,在中央处理机引入了与外部设备打交道的通道和中断技术，以提高计算机系统效率。由于输入/输出设备工作速度比中央处理器慢得多，当第二次请求启动通道输入或输出一批数据时，第一批数据可能还没有处理完，此时通道正处于繁忙状态。特别是在多道程序环境下，更容易发生上述设备冲突情况。解决好这个问题，是输入/输出管理程序的主要责任之一。

（4）文件管理。各种数据、各种程序通常是以文件的形式有组织地存放在磁盘、磁带等存储介质上的。当需要某个文件时，可由操作系统中的文件管理程序调用。文件管理程序还可用来创建和删除文件。为了保证文件使用的安全，防止滥用和失密，在使用文件时，还必须有相应的保护和保密措施，这也是文件管理程序的责任。

计算机的组成部分

数字电子计算机种类繁多、功能差别很大，但它们都属于冯·诺依曼型计算机。它们硬件的基本组成是相似的。

电子计算机的硬件主要由控制器、运算器、存储器、输入设备和输出设备组成。

控制器是统一指挥和控制计算机各部件的中央机构。它从存储器顺序地取出指令，安排操作顺序，并向各部件发出相应的命令，使它们按部就班地执行程序所规定的任务。

运算器能够接收数据，并对数据进行算术运算或逻辑运算。在微型电子计算机中，控制器和运算器通常做在一块集成电路块上，叫作中央处理器（简称CPU）。

存储器（内存）一般分为两种：一种是只读存储器（ROM）；另一种是随机存储器（RAM）。存放在只读存储器中的信息主要是操作系统、某些语言的编译或解释程序、其他服务程序等。这些信息是永久性的，一般只能读出而不能修改，断电以后也不会被破坏。存放在随机存储器中的信息主要是用户的程序或数据，既可以读出，也可以存入或改写。断电后随机存储器中的信息将会丢失。

输入设备是指那些将数据、信息转换成计算机可以接受的代码的设备。输入设备包括键盘、读卡机、光学字符识别机、图形输入机、光笔、手写汉字输入板等，也可用磁带、磁盘进行输入。

输出设备是指将计算机处理完的信息代码转换成人们可以接受的形式的设备。输出设备包括显示器、打印机、绘图机、喇叭（声音输出）等，也可以通过磁带、磁盘进行输出。

硬盘的使用常识与技巧

现在的硬盘容量是越来越大，转速也越来越快，这使许多软件爱好者和游戏迷们欢呼雀跃，但由此也带来了一个新的问题——如果硬盘一旦出现什么问题的话，那么存储在硬盘上的各种宝贵数据就有可能会付之东流了。在电脑故障中有1/3的故障是硬盘故障——包括软件故障和硬件故障，而其中有相当多的故障是用户未能根据硬盘的特点而采取必要的维护保养措施所致。因此做好硬盘的日常维护工作以延长其使用寿命，提高使用效率，是使用电脑过程中的一个重要环节。

硬盘是集精密机械、微电子电路、电磁转换为一体的电脑存储设备，它存储着电脑系统资源和重要的信息及数据，这些因素使硬盘在 PC 机中成为最为重要的一个硬件设备。按照硬盘的无故障运行时间计算，一般情况下硬盘都可以正常使用 5 年以上，但如果使用不当的话，也是非常容易就会出现故障的，甚至出现物理性损坏，造成整个电脑系统不能正常工作。下面介绍下如何正确地使用硬盘。

1. 正确地开、关电脑电源

当硬盘处于工作状态时（读或写盘时），尽量不要强行关闭主机电源。因为硬盘在读、写过程中如果突然断电是很容易造成硬盘物理性损伤（仅指 AT 电源）或丢失各种数据的，尤其是正在进行高级格式化时更不要这么做。例如在一次高格时发现速度很慢就认为是死机了，于是强行关闭了电源。再打开主机时，系统就根本发现不了这块硬盘了，后经查看发现"主引导扇区"的内容全部乱套，最可怕的是无论使用什么办法也无法写入正确的内容了……另外，由于硬盘中有高速运转的机械部件，所以在关机后其高速运转的机械部件并不能马上停止运转，这时如果马上再打开电源的话，就很可能会毁坏硬盘。当然，这只是理论上的可能而已，并没有遇到过因此而损坏硬盘的事，但是我们也尽量不要在关机后马上就开机，我们一定要等硬盘内高速转动的元件停稳后再次进行开机（一般是关机半分钟后），而且我们应尽量避免频繁地开、关电脑电源，因为硬盘每启动、停止一次，磁头就要在磁盘表面"起飞"和"着陆"一次，如果过于频繁的话就无疑增加了磁头和盘片磨损的机会。

2. 硬盘在工作时一定要防震

虽然磁头与盘片间没有直接接触，但它们之间的距离的确是离得很近，而且磁头也是有一定重量的，所以如果出现过大的震动的话，磁头也会由于地心引力和产生的惯性而对盘片进行敲击。这种敲击无疑会导致硬盘盘片的物理性损坏——轻则磁头可能会划伤盘片，重则就会毁坏磁头而使整个硬盘报废，而且由于磁道的密度是非常大的——磁道间的宽度只有百万分之一英寸，如果在磁头寻道时发生震动的话就极有可能会造成读、写故障，所以说我们必须要将电脑放置在平稳、无震动的工作平台上，尤其是在硬盘处于工作状态时一定要尽量避免移动硬盘，而且在硬盘启动或关机过程中更不要移动硬盘。

3. 在自己动手拆装电子计算机时要正确移动硬盘，而且要做好防震措施

硬盘厂商都反复说自己的产品"抗撞能力"非常强或"防震系统"非常好等，但这些都是指硬盘在非工作状态（即未加电）下的防震、抗撞能力，如果在开机状态下就不会有这么好的"功夫"了。所以当我们进行拆装计算机或拷贝数据需要移动硬盘时，最好是在硬盘正常关机后并等磁盘停止转动后（听到硬盘的声音逐渐变小并消失）再进行移动。

4. 保证硬盘的散热良好

硬盘温度直接影响着其工作状况（稳定性）和使用寿命，硬盘在工作中的温度以 20～25℃为理想。当然，这只是理想，在夏季时环境温度都要远高于 25℃，所以如果能保持温差（硬盘表面温度－环境温度＝温差）在 10℃左右就行了。而温度过高轻则造成系统的不稳定（常死机）或丢失数据，重则就会产生硬盘坏道。

5. 不要对硬盘进行频繁的格式化操作

在重装系统时习惯对硬盘进行高级格式化操作，有时中了某个病毒也在所难免要进行高级格式化，建议您最好是采用硬盘镜像备份的方法来解决上面的问题，最好不要经常进行高级格式化，因为高级格式化会缩短硬盘的正常使用寿命。同高级格式化一样，低级格式化也会降低硬盘的使用寿命，而且是有过之而无不及，尤其是不要对硬盘频繁地进行低级格式化操作。

6. 要定期进行磁盘扫描

要养成定期在 Windows 下进行磁盘扫描的习惯，这样能及时修正一些运行时产生的错误，进而可以有效地防止磁盘坏道的出现。

7. 当硬盘出现物理坏道时要及时进行处理

物理坏道对于硬盘来讲就是"癌症"，当硬盘出现物理坏道时，即使是一个坏簇也不能大意，因为其很快就会扩散成一大片，虽然我们可以把坏簇划做一个分区并通过屏蔽的方法来解决问题。

应用软件和系统软件

软件是计算机的灵魂，没有软件的计算机就如同没有磁带的录音机和没有录像带的录像机一样，与废铁没什么差别。使用不同的计算机软件，计算机可以完成许许多多不同的工作。它使计算机具有非凡的灵活性和通用性。也正是这一原因，决定了计算机的任何动作都离不开由人安排的指令。人们针对某一需要而为计算机编制的指令序列称为程序。程序连同有关的说明资料称为软件。配上软件的计算机才成为完整的计算机系统。

一般把软件分为两大类：应用软件和系统软件。

一、应用软件

应用软件是专门为某一应用目的而编制的软件，较常见的如：

1. 文字处理软件

用于输入、存贮、修改、编辑、打印文字材料等，例如WORD、WPS等。

2. 信息管理软件

用于输入、存贮、修改、检索各种信息，例如工资管理软件、人事管理软件、仓库管理软件、计划管理软件等。这种软件发展到一定水平后，各个单项的软件相互联系起来，计算机和管理人员组成一个和谐的整体，各种信息在其中合理地流动，形成一个完整、高效的管理信息系统，简称 MIS。

3. 辅助设计软件

用于高效地绘制、修改工程图纸，进行设计中的常规计算，帮助人寻求好的设计方案。

4. 实时控制软件

用于随时搜集生产装置、飞行器等的运行状态信息，以此为依据按预定的方案实施自动或半自动控制，安全、准确地完成任务。

二、系统软件

各种应用软件，虽然完成的工作各不相同，但它们都需要一些共同的基础操作，例如都要从输入设备取得数据，向输出设备送出数据，向外存写数据，从外存读数据，对数据的常规管理，等等。这些基础工作也要由一系列指令来完成。人们把这些指令集中组织在一起，形成专门的软件，用来支持应用软件的运行，这种软件称为系统软件。

系统软件在为应用软件提供上述基本功能的同时，也进行着对硬件的管理，使在一台计算机上同时或先后运行的不同应用软件有条不紊地合用硬件设备。例如，两个应用软件都要向硬盘存入和修改数据，如果没有一个协调管理机构来为它们划定区域的话，必然形成互相破坏对方数据的局面。

有代表性的系统软件有：

1. 操作系统

管理计算机的硬件设备，使应用软件能方便、高效地使用这些设备。在微机上常见的有：DOS、WINDOWS、UNIX、OS/2 等。

2. 数据库管理系统

有组织地、动态地存贮大量数据，使人们能方便、高效地使用这些数据。现在比较流行的数据库有 FoxPro、DB-2、Access、SQL-server 等。

3. 编译软件

CPU 执行每一条指令都只完成一项十分简单的操作，一个系统软件或应用软件，要由成千上万甚至上亿条指令组合而成。直接用基本指令来编写软件，是一项极其繁重而艰难的工作。为了提高效率，人们规定一套新的指令，称为高级语言，其中每一条指令完成一项操作，这种操作相对于软件总的功能而言是简单而基本的，而相对于 CPU 的一系列操作而言又是复杂的。

用这种高级语言来编写程序（称为源程序）就像用预制板代替砖块来造房子，效率要高得多。但 CPU 并不能直接执行这些新的指令，需要编写一个软件，专门用来将源程序中的每条指令翻译成一系列 CPU 能接受的基本指令（也称机器语言），使源程序转化成能在计算机上运行的程序。完成这种翻译的软件称为高级语言编译软件，通常把它们归入系统软件。目前常用的高级语言有 VB、C++、JAVA 等，它们各有特点，分别适用于编写某一类型的程序，它们都有各自的编译软件。

计算机格式化

当电子计算机的系统出现重大故障时，需要重新安装系统，此时便需要对系统盘进行格式化，格式化之后的硬盘分区就可以安装新的操作系统。此外，非系统盘的硬盘分区有时也因故障需彻底清理修复，此时也要进行格式化。那么硬盘格式化是什么呢？

一、认识硬盘格式化

"格式化"这个词对于一个电脑用户而言绝对不应该陌生。当我们在进行一个全新的 Windows 安装时，或是对一个硬盘上的所有数据进行"干净"的处理时，往往都会使出"格式化"这招"撒手锏"，来彻底清除硬盘各个分区上的数据。硬盘格式化目前可以在 Windows 和 DOS 两种不同环境下进行。一般我们在进行全新安装操作系统时会使用 DOS 下的"FORMAT"命令来完成系统盘的格式化，而单独对除系统盘以外的其他分区进行格式化时，我们一般会在 Windows 下来完成，而在 Windows 下的操作会更加简单，只需要在需要格式化的硬盘上右击鼠标，选择"格式化"选项即可，选择"快速格式化"所需耗费的时间则更短。

虽然两者的操作方式和格式化所需的时间都有所不同。但它们实际上都是对硬盘进行同一种操作，那就是清除硬盘上的数据、生成引导区信息、初始化 FAT 表、标注逻辑坏道等。我们将这些操作统称为"高级格式化"。

认识了硬盘的"高级格式化"，那么我们再来看一下硬盘的低级格式化过程。所谓低级格式化，就是将空白的磁盘划分出柱面和磁道，再将磁道划分为若干个扇区，每个扇区又划分出标识部分 ID、间隔区 GAP 和数据区 DATA 等。硬盘的低级格式化是高级格式化之前的一件工作，目前所有硬盘厂商在产品出厂前，已经对硬盘进行了低级格式化的处理，因此我们新购买的硬盘在装系统时只需要进行高级格式化的过程，来初始化 FAT 表，进行分区操作。

与高级格式化操作不同的是，硬盘的低级格式化过程只能够在 DOS 环境来完成。以过去经常使用的软盘为例。我们在 DOS 下对一张软盘进行全面格式化操作的过程便可以看作是对软盘的低级格式化。需要说明的是，硬盘的低级格式化过程是一种损耗性操作，对硬盘的使用寿命会产生一定的负面作用。因此，除非是硬盘出现了较大的错误，如硬盘坏道等，否则一定要慎重进行低级格式化操作。当硬盘受到外部强磁体、强磁场的影响，或因长期使用，硬盘盘片上由低级格式化划分出来的扇区格式磁性记录部分丢失，从而出现大量"坏扇区"时，可以通过低级格式化来重新划分"扇区"。但是前提是硬盘的盘片没有受到物理性划伤。

只有在硬盘多次分区均告失败或在高级格式化中发现大量"坏道"时，方可通过低级格式化来进行修复。而硬盘的硬性损伤，如硬盘出现物理坏道时，则是无法通过低级格式化来修复的。可以想象当一张软盘的盘片表面被划伤之后，还能修复吗？

二、低级格式化对硬盘所做的操作

硬盘的低级格式化过程到底对硬盘做了哪些操作呢？因为硬盘的低级格式化过程是借助第三方软件来实现的，因此不同的软件对硬盘所做的操作也会不尽相同。总结归纳一下，硬盘的低级格式化过程主要是对硬盘做了以下几项工作：

1. 对扇区清零和重写校验值

低格过程中将每个扇区的所有字节全部清零，并将每个扇区的校验值也写回初始值，这样可以将部分缺陷纠正过来。譬如，由于扇区数据与该扇区的校验值不对应，通常就被报告为校验错误（ECC Error）。如果并非由于磁介质损伤，清零后就很有可能将扇区数据与该扇区的校验值重新对应起来，而达到"修复"该扇区的功效。这是每种低格工具和每种硬盘的低格过程最基本的操作内容，同时这也是为什么通过低格能"修复大量坏道"的基本原因。另外，DM 中的 Zero Fill（清零）操作与 IBM DFT 工具中的 Erase 操作，也有同样的功效。

2. 对扇区进行读写检查，并尝试替换缺陷扇区

有些低格工具会对每个扇区进行读写检查，如果发现在读过程或写过程中出错，就认为该扇区为缺陷扇区。然后，调用通用的自动替换扇区（Automatic Reallocation Sector）指令，尝试对该扇区进行替换，也可以达到"修复"的功效。

3. 对扇区的标识信息重写

在多年以前使用的老式硬盘（如采用 ST506 接口的硬盘），需要在低格过程中重写每个扇区的标识（ID）信息和某些保留磁道的其他一些信息，当时低格工具都必须有这样的功能。但现在的硬盘结构已经大不一样，如果再使用多年前的工具来做低格会导致许多令人痛苦的意外。难怪经常有人在痛苦地高呼："危险！切勿低格硬盘！我的硬盘已经毁于低格！"

4. 对所有物理扇区进行重新编号

编号的依据是 P-list 中的记录及区段分配参数（该参数决定各个磁道划分的扇区数），经过编号后，每个扇区都分配到一个特定的标识信息（ID）。编号时，会自动跳过 P-list

中所记录的缺陷扇区，使用户无法访问到那些缺陷扇区（用户不必在乎永远用不到的地方的好坏）。如果这个过程半途而废，有可能导致部分甚至所有扇区被报告为标识不对（Sector ID Not Found，IDNF）。要特别注意的是，这个编号过程是根据真正的物理参数来进行的，如果某些低格工具按逻辑参数（以 16heads 63sector 为最典型）来进行低格，是不可能进行这样的操作的。

5. 写磁道伺服信息，对所有磁道进行重新编号

有些硬盘允许将每个磁道的伺服信息重写，并给磁道重新赋予一个编号。编号依据 P-list 或 TS 记录来跳过缺陷磁道（defect track），使用户无法访问（即永远不必使用）这些缺陷磁道。这个操作也是根据真正的物理参数来进行的。

6. 写状态参数，并修改特定参数

有些硬盘会有一个状态参数，记录着低格过程是否正常结束，如果不是正常结束低格，会导致整个硬盘拒绝读写操作，这个参数以富士通 IDE 硬盘和希捷 SCSI 硬盘为典型。有些硬盘还可能根据低格过程的记录改写某些参数。

我们经常使用的 DM 中的 low level format 命令进行的低级格式化操作，主要进行了第 1 条和第 3 条的操作。速度较快，极少损坏硬盘，但修复效果不明显。另外，在低级格式化工具中，进行了前三项的操作。因此，由于同时进行了读写检查，所以操作速度较慢，但这样可以替换部分缺陷扇区。

传 输 介 质

传输介质，是信息传输所经过的实体或空间。常用的传输介质有同轴电缆、双绞线和光纤三种。

（1）同轴电缆，由内外两个导体组成。内导体为单根较粗的导线或多股的细铜线；外导体是圆筒形铜箔或细铜线编织的网。两者之间由绝缘的填充物支持以保持同轴。同轴电缆最外面由黑色的塑料绝缘层所包覆。

（2）双绞线，是一种以铁合金或铜制成的电线。为减少线之间的辐射干扰，两根绝缘导线是按规则的螺旋形绞合在一起，它能传输数字与模拟信号。

双绞线分为屏蔽双绞线和非屏蔽双绞线两种。前者常用于令牌环网，后者则多用于以太网、ARCNET网。

（3）光纤是一种极细又能弯曲的以光纤传导的传输介质，圆柱形的光纤由纤芯、包层及护套三部分组成，它又分为两种：即单模光纤与多模光纤。

采用光缆进行点到点的连接，由于光纤传输损耗小、频带宽，每段长度比双绞线及同轴电缆长得多。光纤不受电磁干扰与噪音影响，并且具有可靠的保密性。光纤以其独有的优势，曾在ATM技术中大显身手，之后又逐渐取代了同轴电缆和双绞线成为互联网主线路的首选材料。

硬盘存储器

硬盘存储器主要由硬磁盘、硬盘驱动器和硬盘控制器三部分组成。驱动器和控制器部分与软盘存储器相似。这里只介绍一下硬磁盘。

硬磁盘又称硬盘（Hard disk），它是在金属基片上涂一层磁性材料制成的。目前微机上都采用IBM公司的温彻斯特技术的硬盘，简称温盘。

微机一般使用5英寸或3.5英寸的硬盘，并且通常将几个盘片以驱动器轴为轴线组装在一起，称为盘组。每个盘片都有一个磁头。每个盘面上的磁道都是同心圆，所有盘面上的同心圆就组成许多圆柱面。因此，在硬盘中不称磁道而称柱面，数据的存储地址由柱面号、磁头号和扇区号确定。硬盘的存储容量通常为几吉至几千吉字节，目前家用的电子计算机多是使1 T（1000 G）的硬盘。

硬盘的盘组与驱动器组装在一个固定的密封容器中，能够防尘以及调节温度和湿度。硬盘驱动器的磁头不像软盘驱动器那样直接与盘面接触，而是利用硬盘高速旋转（比软盘转速高许多）产生的"气垫"，悬浮在距盘面0.2 mm的距离。因此，不易划伤盘面，磁头损耗也大大降低。

输入与输出设备

输入设备（Input Device）的功能是将程序、控制命令和原始数据转换为计算机能够识别的形式输入计算机的内存。输入设备的种类很多，目前微机上常用的有键盘、鼠标器，有时还用到扫描仪、条形码阅读器、手写输入装置及语音输入装置等。

输出设备（Output Device）的功能是将内存中计算机处理后的信息以能为人或其他设备所能接受的形式输出。输出设备种类也很多，微机上常用的有显示器、打印机、绘图机等。在此仅介绍使用最普遍的显示器和打印机。

显 示 器

显示器（Display）又称监视器，是实现人机对话的主要工具。它既可以显示键盘输入的命令或数据，也能显示计算机数据处理的结果。

下面主要介绍 LCD 显示器。

LCD 显示器即液晶显示器，优点是机身薄，占地小，辐射小，给人以一种健康产品的形象。但液晶显示屏不一定可以保护到眼睛，这需要看各人使用计算机的习惯。

LCD 技术是把液晶灌入两个列有细槽的平面之间。这两个平面上的槽互相垂直（相交呈 90 度）。也就是说，若一个平面上的分子南北向排列，则另一平面上的分子东西向排列，而位于两个平面之间的分子被强迫进入一种 90 度扭转的状态。由于光线顺着分子的排列方向传播，所以光线经过液晶时也被扭转 90 度。当液晶上加一个电压时，液晶分子便会转动，改变光透过率，从而实现多灰阶显示。

LCD 是依赖极化滤光器和光线本身的特性。自然光线是朝四面八方随机发散的。极化滤光器实际是一系列越来越细的平行线。这些线形成一张网，阻断不与这些线平行的所有光线。第二个极化滤光器的线正好与第一个极化滤光器垂直，所以能完全阻断那些已经极化的光线。只有两个滤光器的线完全平行，或者光线本身已扭转到与第二个极化滤光器相匹配，光线才得以穿透。

LCD 正是由这样两个相互垂直的极化滤光器构成，所以在正常情况下应该阻断所有试图穿透的光线。但是，由于两个滤光器之间充满了扭曲液晶，所以在光线穿出第一个滤光器后，会被液晶分子扭转 90 度，最后从第二个滤光器中穿出。

从液晶显示器的结构来看，无论是笔记本电脑还是桌面系统，采用的 LCD 显示屏都是由不同部分组成的分层结构。LCD 由两块玻璃板构成，厚度规格有 0.7mm、0.63mm、0.5mm（也可以通过物理或者化学减薄的方式做到更薄），其间由包含有液晶（LC）材料的 $3\sim5\mu m$ 均匀间隔隔开。因为液晶材料本身并不发光，所以需要给显示屏配置额外的光源。在液晶显示屏背面有一块导光板和反光膜，导光板的主要作用是将线光源或者点光源转化为垂直于显示平面的面光源。背光源发出的光线在穿过第一层偏振过滤层之后进入液晶层。液晶层中的水晶液滴都被包含在细小的单元格结构中，一个或多个单元格构成屏幕上的一个像素。在玻璃板与液晶材料之间是透明的电极，电极分为行和列，在行与列的交叉点上，通过改变电压而改变液晶的旋光状态，液晶材料的作用类似于一个个小的光阀。在液晶材料周边是控制电路部分和驱动电路部分。当LCD中的电极产生电场时，液晶分子就会产生扭曲，从而将穿越其中的光线进行有规则的折射，然后经过第二层过滤层的过滤在屏幕上显示出来。

对于笔记本电脑或者桌面型的LCD显示器需要采用的更加复杂的彩色显示器而言，还要具备专门处理彩色显示的色彩过滤层。通常，在彩色LCD面板中，每一个像素都是由三个液晶单元格构成，其中每一个单元格前面都分别有红色、绿色或蓝色的过滤器。这样，通过不同单元格的光线就可以在屏幕上显示出不同的颜色。

LCD克服了CRT（阴极射线管显示器）体积庞大、耗电和闪烁的缺点，但也同时带来了造价过高、视角不广以及彩色显示不理想等问题。CRT显示可选择一系列分辨率，而且能按屏幕要求加以调整，但LCD屏只含有固定数量的液晶单元，只能在全屏幕使用一种分辨率显示。

CRT通常有三个电子枪，射出的电子束必须精确聚焦，否则就得不到清晰的图像显示。但LCD不存在聚焦问题，因为每个液晶单元都是单独开关的。这正是同样一幅图在LCD屏幕上为什么如此清晰的原因。LCD也不必关心刷新频率和闪烁，液晶单元要么开，要么关，所以在40～60Hz这样的低刷新频率下显示的图像不会比 75Hz 下显示的图像更闪烁。不过，LCD 屏的液晶单元会很容易出现瑕疵。对 1024×768 的屏幕来说，每个像素都由三个单元构成，分别负责红、绿和蓝色的显示——所以总共约需 240 万个单元（1024×768×3＝2359296）。很难保证所有这些单元都完好无损。最有可能的是，其中一部分已经短路（出现"亮点"）或者断路（出现"黑点"）。所以说，并不是如此价格高昂的显示产品就不会出现瑕疵。

LCD 显示屏包含了在 CRT 技术中未曾用到的一些东西。为屏幕提供光源的是盘绕在其背后的荧光管。有些时候，会发现屏幕的某一部分出现异常亮的线条。也可能出现一些不雅的条纹，一幅特殊的浅色或深色图像会对相邻的显示区域造成影响。此外，一些相当精密的图案可能在液晶显示屏上出现难看的波纹或者干扰纹。

几乎所有的应用于笔记本或桌面系统的 LCD 都使用薄膜晶体管（TFT）激活液晶层中的单元格。TFT LCD 技术能够显示更加清晰、明亮的图像。早期的 LCD 由于是非主动发光器件，速度低，效率差，对比度小，虽然能够显示清晰的文字，但是在快速显示图像时往往会产生阴影，影响视频的显示效果，因此，如今只被应用于需要黑白显示的掌上电脑、手机中。

随着技术的日新月异，LCD 技术也在不断发展进步。各大 LCD 显示器生产商纷纷加大对 LCD 的研发费用，力求突破 LCD 的技术瓶颈，进一步加快 LCD 显示器的产业化进程、降低生产成本，实现用户可以接受的价格水平。而 LED 显示器也属于液晶显示器的一种，LED 液晶技术是一种高级的液晶解决方案，它用LED代替了传统的液晶背光模组。高亮度，而且可以在寿命范围内实现稳定的亮度和色彩表现。更宽广的色域（超过NTSC和EBU色域），实现更艳丽的色彩。实现LED功率控制很容易，不像CCFL的最低亮度存在一个门槛。因此，无论在明亮的户外还是全黑的室内，用户都很容易把显示设备的亮度调整到最悦目的状态。在以CCFL冷阴极荧光灯作为背光源的LCD中，其中不能缺少的一个主要元素就是汞，这也就是大家所熟悉的水银，而这种元素无疑是对人体有害的。因此，众多液晶面板生产厂商都在无汞面板生产上投入了很多的精力，如台湾著名IT厂商华硕采用的不含汞LED背光技术便通过了RoHS认证，使MS系列产品比传统CCFL显示器节能40％以上，无汞工艺不但使它无毒健康而且比其他产品更加环保、节能。因为采用了固态发光器件，LED背光源没有娇气的部件，对环境的适应能力非常强，所以LED的使用温度范围广、低电压、耐冲击。而且LED光源没有任何射线产生，低电磁辐射、无汞，可谓是绿色环保光源。

总的来说，LED液晶的优点是：省电、环保、色彩更真实。

打 印 机

打印机（Printer）是将计算机的处理结果打印在纸张上的输出设备。人们常把显示器的输出称为软拷贝，把打印机的输出称为硬拷贝。

1. 打印机的分类

（1）按传输方式。可以分为一次打印一个字符的字符打印机、一次打印一行的行式打印机和一次打印一页的页式打印机。

（2）按工作机构。可以分为击打式打印机和非击打式印字机。其中击打式又分为字模式打印机和点阵式打印机；非击打式又分为喷墨印字机、激光印字机、热敏印字机和静电印字机。

微型计算机最常用的是点阵式打印机。它的打印头上安装有若干个针，打印时控制不同的针头通过色带打印纸面即可得到相应的字符和图形。因此，又常被称之为针式打印机。以前使用的多为9针或24针的打印机，现在主要使用24针打印机。

目前，喷墨印字机和激光印字机也得到广泛应用。喷墨式是通过磁场控制一束很细墨汁的偏转，同时控制墨汁的喷与不喷，即可得到相应的字符或图形；激光式则是利用电子照相原理，由受到控制的激光束射向感光鼓表面，在不同位置吸附上厚度不同的碳粉，通过温度与压力的作用把相应的字符或图形印在纸上。激光式复印机与静电复印机的方式很相似，它的分辨率高，印出字形清晰美观，但价格较高。

2. 打印机控制器

打印机控制器亦称打印机适配器，是打印机的控制机构，也是打印机与主机的接口部件。它以硬件插卡的形式插在主机板上。标准接口是并行接口，它可以同时传送多个数据，比串行接口传输速度要快。

3. 打印机的工作方式

打印机有联机和脱机两种工作方式。所谓联机，就是与主机接通，能够接收及打印主机传送的信息。所谓脱机，就是切断与主机的联系。在脱机状态下，可以进行自检或自动进纸、退纸。这两种状态由打印机面板上的联机键控制。

闪速存储器

听说过闪速存储器吗？近年来发展很快的新型半导体存储器是闪速存储器（Fish Memory）。它的特长是在不加电的情况下，能长期保持存储的信息。

闪速存储器在存取速度上和普通的动态随机处理器（DRAM）及静态随机处理器（SRAM）不相上下，但是后两种在断电后信息会马上丢失，而闪速存储器只要不加高电压擦除，信息就可一直保存下去。这一特点使得它可用来替代只读存储器 ROM。如果与可擦除芯片 EPROM 相比，闪速存储器信息改写快，只要加高电压，它就像"魔术大师"一样，在瞬间即可改写信息，而 EPROM 则需长时间用紫外线照射才可擦除原有信息。因此，电子计算机和其他的智能电子产品已越来越倾向于采用闪速存储器存放信息。

此外，有的主板设计者采用闪速存储器作半导体固态盘，用来存放 DOS 操作系统引导文件等。而像防病毒卡这样的需要不断升级的产品，也采用闪速存储器存放查杀病毒的程序及数据，以便用户软件随时升级。

在其他智能化的电子产品中，如蜂窝电话、应答机、数字式照相机等，也都采用闪速存储器存放需长期保存而又需方便改写的信息。

中央处理器

英特尔（Intel）公司生产的中央处理器（CPU）系列从4004、8008、8080、8086、8088，到后来比较知名的286、386、486，皆以数字命名，其他一些CPU生产厂商生产的与Intel产品兼容的CPU亦以这些数字命名，使其鱼龙混杂。这使Intel公司大为不满，但当它要将这些编号注册为商标时却遭到了拒绝，原因是数字不能做商标。

所以，当Intel公司生产出了我们认为应当是586的芯片时，就为它起了一个比较特殊的名字——Pentium（中文译作"奔腾"），并且深入人心，在拉丁语里仍是"5"的意思，并且对其进行了注册。其他微处理器厂商生产的这一级别的CPU就叫586。

Pentium下一代产品是Pentium Pro，再后面推出的是带MMX技术的PentiumⅡ（代号Klamath）。再往后就是PentiumⅢ、酷睿系列的众所周知的CPU了。

现在，芯片的命名比较复杂，我们要参考对比多种价位的计算机才能明白CPU型号及名称的含义，从而判断出芯片的性能。

调制解调器——"猫"

大家都知道上网需要调制解调器，调制解调器的英文是Modem。是由单词modulate（调制）和demodulate（解调）两个单词合并而成，即是调制器和解调器的合称，我们俗称为"猫"。

为什么这么称呼呢？

因为它还跟速度有关。调制解调器的传播速度用一秒钟内通过电话线传输的信息位数来表示，即bps，人们又称为波特率。速率越高，通信时占用电话线路的时间越短。通常低于14.4kbps的速率称为低速"猫"，而高于14.4kbps的称其为高速"猫"。当然，每隔几年，其速率标准会上升一次，近来这个间隔越来越短，我们经常用到的有28.8kbps、33.6kbps和56kbps等几种。

调制解调器还具有传真功能，配上传真软件可以很快地收发传真，从而代替传真机。

互联网已经热遍全球，上网成为一种时尚。你可以抱一只"猫"回家，连到互联网上，可以很快地欣赏其包罗万象的信息，人文、经济、天文、地理、军事等一切知识可以手到擒来；很快地与世界各地的网友聊天、下棋，这种只见其"话"，而不见其"人"的谈话方式，是多么令人兴奋！可以节省许多时间，省去盼信的烦恼；观看远方的比赛、聆听时事新闻又是多么令人惬意！

但是随着互联网的高速发展,"猫"的时代已经过去。如今,除了一些需要独立使用调制调解器的特殊场所。普通的家庭用户大都是接触不到"猫"了,网络供应商直接把网络信号转发到千家万户,而用户只要使用计算机自带的网卡就可以直接"上网"了,而且网速还很快哟。

路 由 器

为了把信息从一个网络发送到另一个网络,信息必须路由(mute)到可靠的路径。此路由(mute)是由路由器提供的。

路由器(Router)又叫选径器,是内置或外置的计算机硬件设备,是在网络中用来管理报文传送路径的设备,即在网络层实现互联的设备。它的存在可减轻主机系统对路由管理的负担,能提高路由管理效率。路由器分本地路由器(Iocal Router)与远程路由器(Remote Router)两种。前者提供的安全级别比网桥高,而后者是使用地理位置分离的局域网进行通信,与媒介毫无牵连,对网络有更大的控制权。路由器比网桥复杂,能支持更为复杂的网络,也具有更大的灵活性。

路由器具有更强的异种网互联能力,连接对象有局域网和广域网。由于其性能近年来大为提高,价格与网桥不相上下,所以在局域网互联中备受青睐。

对于为数不多的LAN,采用网桥连接甚是有效,而对于数目众多的 LAN 互联，或者把 LAN 与广域网（WAN）互联时，路由器则具有更强的互联功能，因此，路由器在建立企业网时，是一个很重要的设备。

网　卡

　　计算机与外界局域网的连接是通过主机箱内插入一块网络接口板（或者是在笔记本电脑中插入一块 PCMCIA 卡）。网络接口板又称为通信适配器或网络适配器（network adapter）或网络接口卡 NIC（Network Interface Card），但是现在更多的人愿意使用更为简单的名称——"网卡"。

　　网卡上面装有处理器和存储器（包括 RAM 和 ROM）。网卡和局域网之间的通信是通过电缆或双绞线以串行传输方式进行的。而网卡和计算机之间的通信则是通过计算机主板上的 I/O 总线以并行传输方式进行。因此，网卡的一个重要功能就是要进行串行/并行转换。由于网络上的数据率和计算机总线上的数据率并不相同，因此在网卡中必须装有对数据进行缓存的存储芯片。

　　在安装网卡时必须将管理网卡的设备驱动程序安装在计算机的操作系统中。这个驱动程序以后就会告诉网卡，应当从存储器的什么位置上将局域网传送过来的数据块存储下来。网卡还要能够实现以太网协议。

　　网卡并不是独立的自治单元，因为网卡本身不带电源而是必须使用所插入的计算机的电源，并受该计算机的控制。

因此网卡可看成为一个半自治的单元。当网卡收到一个有差错的帧时，它就将这个帧丢弃而不必通知它所插入的计算机。当网卡收到一个正确的帧时，它就使用中断来通知该计算机并交付给协议栈中的网络层。当计算机要发送一个 IP 数据包时，它就由协议栈向下交给网卡组装成帧后发送到局域网。

随着集成度的不断提高，网卡上的芯片的个数不断地减少，虽然各个厂家生产的网卡种类繁多，但其功能大同小异。

这里介绍一下一款优质网卡应该具备的条件：

（1）采用喷锡板。优质网卡的电路板一般采用喷锡板，网卡板材为白色，而劣质网卡为黄色。

（2）采用优质的主控制芯片。主控制芯片是网卡上最重要的部件，它往往决定了网卡性能的优劣，所以优质网卡所采用的主控制芯片应该是市场上的成熟产品。市面上很多劣质网卡为了降低成本而采用版本较老的主控制芯片，这无疑给网卡的性能打了一个折扣。

（3）大部分采用 SMT 贴片式元件。优质网卡除电解电容以及高压瓷片电容以外，其他阻容器件大部分采用比插件更加可靠和稳定的 SMT 贴片式元件。劣质网卡则大部分采用插件，这使网卡的散热性和稳定性都不够好。

（4）镀钛金的金手指。优质网卡的金手指选用镀钛金制作，既增大了自身的抗干扰能力又减少了对其他设备的干扰，同时金手指的节点处为圆弧形设计。而劣质网卡大多采用非镀钛金，节点也为直角转折，影响了信号传输的性能。

在组装时是否能正确选用、连接和设置网卡，往往是能否正确连通网络的前提和必要条件。一般来说，在选购网卡时要考虑以下因素：

（1）网络类型。比较流行的有以太网、令牌环网、FDDI网等，选择时应根据网络的类型来选择相对应的网卡。

（2）传输速率。应根据服务器或工作站的带宽需求并结合物理传输介质所能提供的最大传输速率来选择网卡的传输速率。以以太网为例，可选择的速率就有 10Mbps、10/100Mbps、1000Mbps，甚至 10Gbps 等多种，但不是速率越高就越合适。例如，为连接在只具备 100M 传输速度的双绞线上的计算机配置 1000M 的网卡就是一种浪费，因为其至多也只能实现 100M 的传输速率。

（3）总线类型。计算机中常见的总线插槽类型有 ISA、EISA、VESA、PCI 和 PCMCIA 等。在服务器上通常使用 PCI 或 EISA 总线的智能型网卡，工作站则采用可用 PCI 或 ISA 总线的普通网卡，在笔记本电脑则用 PCMCIA 总线的网卡或采用并行接口的便携式网卡。PC 机基本上已不再支持 ISA 连接，所以当为自己的 PC 机购买网卡时，千万不要选购已经过时的 ISA 网卡，而应当选购 PCI 网卡。

（4）网卡支持的电缆接口。网卡最终是要与网络进行连接，所以也就必须有一个接口使网线通过它与其他计算机网络设备连接起来。不同的网络接口适用于不同的网络类型，常见的接口主要有以太网的 RJ-45 接口、细同轴电缆的 BNC 接口和粗同轴电缆的 AUI 接口、FDDI 接口、ATM 接口等。而且有的网卡为了适用于更广泛的应用环境，提供了两种或多种类型的接口，如有的网卡会同时提供 RJ-45、BNC 接口或 AUI 接口。

光纤网卡，指的是光纤以太网适配器，简称光纤网卡，学名 Fiber Ethernet Adapter。传输的是以太网通信协议，一般通过光纤线缆与光纤以太网交换机连接。按传输速率可以分为 100Mbps、1Gbps、10Gbps，按主板插口类型可分为 PCI、PCI-X、PCI-E（x1/x4/x8/x16）等，按接口类型分为 LC、SC、FC、ST 等。

LC 接口名字的由来是根据光纤模块的接口定义而命名的。光纤模块按其接口可以分为 SC、LC、ST、FC 等几种类型。

SC 接口，由于其操作的便利性，得到广泛运用。近几年来，光纤到桌面（FTTD）的广泛运用，使得 SC 接口光纤网卡得到普及。

SC 接口光纤网卡名字的由来是根据光纤模块的接口定义而命名的。光纤模块按其接口可以分为 SC、LC、ST、FC、MTRJ 等几种类型。由于 SC 接口光纤操作的便利性，从而使得带 SC 接口光模块的网卡得到广泛运用，而经常被人们所提起，因为也诞生了"SC 接口光纤网卡"这个名词。

所谓无线网络，就是利用无线电波作为信息传输的媒介构成的无线局域网（WLAN），与有线网络的用途十分类似，最大的不同在于传输媒介的不同。利用无线电技术取代网线，可以和有线网络互为备份，只可惜速度太慢。

无线网卡是终端无线网络的设备，是无线局域网的无线覆盖下，通过无线连接网络进行上网使用的无线终端设备。具体来说无线网卡就是使你的电脑可以利用无线来上网的一个装置。但是有了无线网卡也还需要一个可以连接的无线网络，如果你在家里或者所在地有无线路由器或者无线 AP

（Access Point，无线接入点）的覆盖，就可以通过无线网卡以无线的方式连接无线网络上网。

无线网卡的工作原理是微波射频技术，笔记本有 WIFI、GPRS、CDMA 等几种无线数据传输模式来上网，后两者由中国移动和中国电信（中国联通已将 CDMA 售予中国电信）来实现，前者电信或网通有所参与，但大多主要是自己拥有接入互联网的 WIFI 基站（其实就是 WIFI 路由器等）和笔记本用的 WIFI 网卡。要说基本概念是差不多的，通过无线形式进行数据传输。无线上网遵循 802.1q 标准，通过无线传输，有无线接入点发出信号，用无线网卡接收和发送数据。

按照 IEEE802.11 协议，无线局域网卡分为媒体访问控制层（MAC）和物理层（PHY Layer）。在两者之间，还定义了一个媒体访问控制—物理（MAC-PHY）子层（Sublayers）。MAC 层提供主机与物理层之间的接口，并管理外部存储器，它与无线网卡硬件的 NIC 单元相对应。

物理层具体实现无线电信号的接收与发射，它与无线网卡硬件中的扩频通信机相对应。物理层提供空闲信道估计 CCA 信息给 MAC 层，以便决定是否可以发送信号，通过 MAC 层的控制来实现无线网络的 CCSMA/CA 协议，而 MAC-PHY 子层主要实现数据的打包与拆包，把必要的控制信息放在数据包的前面。

IEEE802.11 协议指出，物理层必须有至少一种提供空闲信道估计 CCA 信号的方法。无线网卡的工作原理如下：当物理层接收到信号并确认无错后提交给 MAC-PHY 子层，经过拆包后把数据上交 MAC 层，然后判断是否是发给本网卡的数据，若是则上交，否则丢弃。

如果物理层接收到的发给本网卡的信号有错,则需要通知发送端重发此包信息。当网卡有数据需要发送时,首先要判断信道是否空闲。若空,随机退避一段时间后发送;否则,暂不发送。由于网卡为时分双工工作,所以,发送时不能接收,接收时不能发。无线网卡的参数及标准如下。

(1) IEEE802.11a:使用5GHz频段,传输速度54Mbps,与802.11b不兼容

(2) IEEE 802.11b:使用2.4GHz频段,传输速度11Mbps

(3) IEEE802.11g:使用2.4GHz频段,传输速度54Mbps,可向下兼容802.11b

(4) IEEE802.11n(Draft 2.0):用于Intel新的迅驰2笔记本和高端路由上,可向下兼容,传输速度300Mbps。

显 卡

显卡全称显示接口卡(Video card,Graphics card),是计算机最基本配置之一。显卡作为电脑主机里的一个重要组成部分,承担输出显示图形的任务,对于从事专业图形设计的人来说显卡非常重要。

现在的配制较高的计算机,都包含显卡计算核心。在科学计算中,显卡被称为显示加速卡。

核芯显卡是Intel产品新一代图形处理核心,和以往的显卡设计不同,Intel凭借其在处理器制程上的先进工艺以及新

的架构设计，将图形核心与处理核心整合在同一块基板上，构成一个完整的处理器。智能处理器架构这种设计上的整合大大缩减了处理核心、图形核心、内存及内存控制器间的数据周转时间，有效提升处理效能并大幅降低芯片组整体功耗，有助于缩小核心组件的尺寸，为笔记本、一体机等产品的设计提供了更大选择空间。

需要注意的是，核芯显卡和传统意义上的集成显卡并不相同。笔记本平台采用的图形解决方案主要有"独立"和"集成"两种，前者拥有单独的图形核心和独立的显存，能够满足复杂庞大的图形处理需求，并提供高效的视频编码应用；集成显卡则将图形核心以单独芯片的方式集成在主板上，并且动态共享部分系统内存作为显存使用，因此能够提供简单的图形处理能力，以及较为流畅的编码应用。相对于前两者，核芯显卡则将图形核心整合在处理器当中，进一步加强了图形处理的效率，并把集成显卡中的"处理器＋南桥＋北桥（图形核心＋内存控制＋显示输出）"三芯片解决方案精简为"处理器（处理核心＋图形核心＋内存控制）＋主板芯片（显示输出）"的双芯片模式，有效降低了核心组件的整体功耗，更利于延长笔记本的续航时间。

低功耗是核芯显卡的最主要优势，由于新的精简架构及整合设计，核芯显卡对整体能耗的控制更加优异，高效的处理性能大幅缩短了运算时间，进一步缩减了系统平台的能耗。高性能也是它的主要优势：核芯显卡拥有诸多优势技术，可以带来充足的图形处理能力，相较前一代产品其性能的进步十分明显。核芯显卡可支持 DX10/DX11、SM4.0、OpenGL2.0，以及全高清 Full HD MPEG2/H.264/VC-1 格式解码等技术,即将加入的性能动态调节更可大幅提升核芯显卡的处理能力,令其完全满足于普通用户的需求。

配置核芯显卡的 CPU 通常价格不高,同时低端核显难以胜任大型游戏。

集成显卡是将显示芯片、显存及其相关电路都集成在主板上,与其融为一体的元件;集成显卡的显示芯片有单独的,但大部分都集成在主板的北桥芯片中;一些主板集成的显卡也在主板上单独安装了显存,但其容量较小。集成显卡的显示效果与处理性能相对较弱,不能对显卡进行硬件升级,但可以通过 CMOS 调节频率或刷入新 BIOS 文件实现软件升级来挖掘显示芯片的潜能。

集成显卡的优点是功耗低、发热量小,部分集成显卡的性能已经可以媲美入门级的独立显卡,所以很多喜欢自己动手组装计算机的人不用花费额外的资金来购买独立显卡,便能得到自己满意的性能。

集成显卡的缺点是性能相对略低,且固化在主板或 CPU 上,本身无法更换,如果必须换,就只能换主板。

独立显卡是指将显示芯片、显存及其相关电路单独做在一块电路板上,自成一体而作为一块独立的板卡存在,它需占用主板的扩展插槽(ISA、PCI、AGP 或 PCI-E)。

独立显卡的优点是单独安装有显存,一般不占用系统内存,在技术上也较集成显卡先进得多,但性能肯定不差于集成显卡,容易进行显卡的硬件升级。

独立显卡的缺点是系统功耗有所加大,发热量也较大,需额外花费购买显卡的资金,同时(特别是对笔记本电脑)占用更多空间。

由于显卡性能的不同对于显卡要求也不一样，独立显卡实际分为两类，一类专门为游戏设计的娱乐显卡，一类则是用于绘图和3D渲染的专业显卡。

内　存

在计算机的组成结构中，有一个很重要的部分，就是存储器。存储器是用来存储程序和数据的部件，对于计算机来说，有了存储器，才有记忆功能，才能保证正常工作。存储器的种类很多，按其用途可分为主存储器和辅助存储器，主存储器又称内存储器（简称内存，港台称之为记忆体）。

内存又称主存，是CPU能直接寻址的存储空间，由半导体器件制成。内存的特点是存取速率快。内存是电脑中的主要部件，它是相对于外存而言的。我们平常使用的程序，如Windows操作系统、打字软件、游戏软件等，一般都是安装在硬盘等外存上的，但仅此是不能使用其功能的，必须把它们调入内存中运行，才能真正使用其功能，我们平时输入一段文字，或玩一个游戏，其实都是在内存中进行的。就好比在一个书房里，存放书籍的书架和书柜相当于电脑的外存，而我们工作的办公桌就是内存。通常我们把要永久保存的、大量的数据存储在外存上，而把一些临时的或少量的数据和程序放在内存上，当然内存的好坏会直接影响电脑的运行速度。

内存就是暂时存储程序以及数据的地方，比如当我们在使用WPS处理文稿时，当你在键盘上敲入字符时，它就被存入内存中，当你选择存盘时，内存中的数据才会被存入硬（磁）盘。在进一步理解它之前，还应认识一下它的物理概念。

内存一般采用半导体存储单元，包括随机存储器（RAM）、只读存储器（ROM），以及高速缓存（CACHE）。只不过RAM是其中最重要的存储器。Synchronous DRAM（同步动态随机存储器）：SDRAM为168脚，这是目前Pentium及以上机型使用的内存。SDRAM将CPU与RAM通过一个相同的时钟锁在一起，使CPU和RAM能够共享一个时钟周期，以相同的速度同步工作，每一个时钟脉冲的上升沿便开始传递数据，速度比EDO内存提高50%。DDR（DOUBLE DATA RATE）RAM是SDRAM的更新换代产品，它允许在时钟脉冲的上升沿和下降沿传输数据，这样不需要提高时钟的频率就能加倍提高SDRAM的速度。

主　板

主板，又叫主机板（mainboard）、系统板（systemboard）或母板（motherboard）；它安装在机箱内，是微机最基本的也是最重要的部件之一。主板一般为矩形电路板，上面安装了组成计算机的主要电路系统，一般有BIOS芯片、I/O控制芯片、键盘和面板控制开关接口、指示灯插接件、扩充插槽、主板及插卡的直流电源供电接插件等元件。

主板采用了开放式结构。主板上大都有6～15个扩展插槽，供PC机外围设备的控制卡（适配器）插接。通过更换这些插卡，可以对微机的相应子系统进行局部升级，使厂家和用户在配置机型方面有更大的灵活性。总之，主板在整个微机系统中扮演着举足轻重的角色。可以说，主板的类型和档次决定着整个微机系统的类型和档次。主板的性能影响着整个微机系统的性能。

主板的平面是一块PCB（印刷电路板），一般采用四层板或六层板。相对而言，为节省成本，低档主板多为四层板：主信号层、接地层、电源层、次信号层，而六层板则增加了辅助电源层和中信号层，因此，六层PCB的主板抗电磁干扰能力更强，主板也更加稳定。

在电路板下面，是4层有致的电路布线；在上面，则为分工明确的各个部件：插槽、芯片、电阻、电容等。当主机加电时，电流会在瞬间通过CPU、南北桥芯片、内存插槽、AGP插槽、PCI插槽、IDE接口以及主板边缘的串口、并口、PS/2接口等。随后，主板会根据BIOS（基本输入输出系统）来识别硬件，并进入操作系统发挥出支撑系统平台工作的功能。

主板故障往往表现为系统启动失败、屏幕无显示、有时能启动有时又启动不了等难以直观判断的故障现象。在对主板的故障进行检查维修时，一般采用"一看、二听、三闻、四摸"的维修原则。就是观察故障现象、听报警声、闻是否有异味、用手摸某些部件是否发烫等。下面列举几种常见主板的维修方法，每种方法都有自己的优势和局限性，一般要几种方法相结合使用。

1. 清洁法

这种方法一般用来解决因主板上灰尘太多，灰尘带静电造成主板无法正常工作的故障，可用毛刷清除主板上的灰尘。另外，主板上一般接有很多的外接板卡，这些板卡的金手指部分可能被氧化，造成与主板接触不良，这种问题可用橡皮擦擦去表面的氧化层解决。

2. 观察法

主要用到"看、摸"的技巧。在关闭电源的情况下，看各部件是否接插正确，电容、电阻引脚是否接触良好，各部件表面是否有烧焦、开裂的现象，各个电路板上的铜箔是否有烧坏的痕迹。同时，可以用手去触摸一些芯片的表面，看是否有非常发烫的现象。

3. 替换法

当对一些故障现象不能确定究竟是由哪个部件引起的时候，可以对怀疑的部件通过替换法来排除故障。可以把怀疑的部件拿到好的电脑上去试，同时也可以把好的部件接到出故障的电脑上去试。如：内存在自检时报错或容量不对，就可以用此方法来判断引起故障的真正元凶。

4. 检测法

利用主板 BIOS 自检系统，用检测卡来排除主板故障。

硬　　盘

硬盘是电脑主要的存储媒介之一，由一个或者多个铝制或者玻璃制的碟片组成。碟片外覆盖有铁磁性材料。

硬盘有固态硬盘（SSD 盘，新式硬盘）、机械硬盘（HDD 传统硬盘）、混合硬盘（HHD，一块基于传统机械硬盘诞生出来的新硬盘）。SSD 采用闪存颗粒来存储，HDD 采用磁性碟片来存储，混合硬盘（HHD：Hybrid Hard Disk）是把磁性硬盘和闪存集成到一起的一种硬盘。绝大多数硬盘都是固定硬盘，被永久性地密封固定在硬盘驱动器中。

磁头复位节能技术：通过在闲时对磁头的复位来节能。

多磁头技术：通过在同一碟片上增加多个磁头同时的读或写来为硬盘提速，或同时在多碟片同时利用磁头来读或写来为磁盘提速，多用于服务器和数据库中心。

作为计算机系统的数据存储器，容量是硬盘最主要的参数。

硬盘的容量以兆字节（MB/MiB）、千兆字节（GB/GiB）或百万兆字节（TB/TiB）为单位，而常见的换算式为：

1TB＝1024GB，1GB＝1024MB，1MB＝1024KB。但硬盘厂商通常使用的是 GB，也就是 1G＝1000MB，而 Windows 系统，就依旧以"GB"字样来表示"GiB"单位（1024换算的），因此我们在 BIOS 中或在格式化硬盘时看到的容量会比厂家的标称值要小。

硬盘的容量指标还包括硬盘的单碟容量。所谓单碟容量是指硬盘单片盘片的容量，单碟容量越大，单位成本越低，平均访问时间也越短。

一般情况下硬盘容量越大，单位字节的价格就越便宜，但是超出主流容量的硬盘略微例外。

在我们买硬盘的时候说是 500G 的，但实际容量都比

500G 要小，因为厂家是按 1MB＝1000KB 来换算的。

　　转速是硬盘内电机主轴的旋转速度，也就是硬盘盘片在一分钟内所能完成的最大转数。转速的快慢是标示硬盘档次的重要参数之一，它是决定硬盘内部传输率的关键因素之一，在很大程度上直接影响到硬盘的速度。硬盘的转速越快，硬盘寻找文件的速度也就越快，相对的硬盘的传输速度也就得到了提高。硬盘转速以每分钟多少转来表示，单位表示为 rpm，rpm 是 revolutions per minute 的缩写，是转/分钟。rpm 值越大，内部传输率就越快，访问时间就越短，硬盘的整体性能也就越好。

　　硬盘的主轴马达带动盘片高速旋转，产生浮力使磁头飘浮在盘片上方。要将所要存取资料的扇区带到磁头下方，转速越快，则等待时间也就越短。因此转速在很大程度上决定了硬盘的速度。

　　家用的普通硬盘的转速一般有 5400rpm、7200rpm 几种，高转速硬盘也是台式机用户的首选；而对于笔记本用户则是 4200rpm、5400rpm 为主，虽然已经有公司发布了 10000rpm 的笔记本硬盘，但在市场中还较为少见；服务器用户对硬盘性能要求最高，服务器中使用的 SCSI 硬盘转速基本都采用 10000rpm，甚至还有 15000rpm 的，性能要超出家用产品很多。较高的转速可缩短硬盘的平均寻道时间和实际读写时间，但随着硬盘转速的不断提高也带来了温度升高、电机主轴磨损加大、工作噪音增大等负面影响。

　　平均访问时间（Average Access Time）是指磁头从起始位置到到达目标磁道位置，并且从目标磁道上找到要读写的数据扇区所需的时间。

平均访问时间体现了硬盘的读写速度，它包括了硬盘的寻道时间和等待时间，即：平均访问时间＝平均寻道时间＋平均等待时间。

硬盘的平均寻道时间（Average Seek Time）是指硬盘的磁头移动到盘面指定磁道所需的时间。这个时间当然越小越好，硬盘的平均寻道时间通常在 8ms 到 12ms，而 SCSI 硬盘则应小于或等于 8ms。

硬盘的等待时间，又叫潜伏期（Latency），是指磁头已处于要访问的磁道，等待所要访问的扇区旋转至磁头下方的时间。平均等待时间为盘片旋转一周所需的时间的一半，一般应在 4ms 以下。

硬盘的数据传输率（Data Transfer Rate）是指硬盘读写数据的速度，单位为兆字节每秒（MB/s）。硬盘数据传输率又包括了内部数据传输率和外部数据传输率。

内部传输率（Internal Transfer Rate）也称为持续传输率（Sustained Transfer Rate），它反映了硬盘缓冲区未用时的性能。内部传输率主要依赖于硬盘的旋转速度。

外部传输率（External Transfer Rate）也称为突发数据传输率（Burst Data Transfer Rate）或接口传输率，它标称的是系统总线与硬盘缓冲区之间的数据传输率，外部数据传输率与硬盘接口类型和硬盘缓存的大小有关。

Fast ATA 接口硬盘的最大外部传输率为 16.6MB/s，而 Ultra ATA 接口的硬盘则达到 33.3MB/s。2012 年 12 月，两个年轻的研究人员研制出传输速度每秒 1.5GB 的固态硬盘。

缓存（Cache Memory）是硬盘控制器上的一块内存芯片，具有极快的存取速度，它是硬盘内部存储和外界接口之间的缓冲器。由于硬盘的内部数据传输速度和外界介面传输速度不同，缓存在其中起到一个缓冲的作用。缓存的大小与速度是直接关系到硬盘的传输速度的重要因素，能够大幅度地提高硬盘整体性能。当硬盘存取零碎数据时需要不断地在硬盘与内存之间交换数据，有大缓存，则可以将那些零碎数据暂存在缓存中，减小外系统的负荷，也提高了数据的传输速度。

电　　源

计算机属于弱电产品，也就是说部件的工作电压比较低，一般在正负12伏以内，并且是直流电。而普通的市电为220伏（有些国家为110伏）交流电，不能直接在计算机部件上使用。因此计算机和很多家电一样需要一个电源部分，一般安装在计算机内部，负责将普通市电转换为计算机可以使用的电压。计算机的核心部件工作电压非常低，并且由于计算机工作频率非常高，因此对电源的要求比较高。目前计算机的电源为开关电路，将普通交流电转为直流电，再通过斩波控制电压，将不同的电压分别输出给主板、硬盘、光驱等计算机部件。

电源是电脑的心脏，品质不好的电源不但会损坏主板、硬盘等部件，还会缩短电脑的正常使用寿命。当然一款品质优良的电源的售价必定不会便宜，所以有些商家往往会采用便宜电源来蒙骗消费者，而有些用户自己对此并不十分了解，但区区几十元的差价可能会招致上千元的损失，这确实有些不值，所以在选购时要特别注意电源的品质是否优良。

　　安全标准以保障用户生命和财产安全为出发点，在原材料的绝缘、阻燃等方面做出了严格的规定。符合安全标准的产品，不仅要求产品本身符合安全标准，而且对于制作厂家也要求有较完善的安全生产体系。在这些标准中，以德国基于1EC-380标准制定的VDE-0806标准最为严格。我国的国家标准是GB4943—1995《信息技术设备（包括电气设备）的安全》。电源符合以上标准其安全性就有了保障。电源符合某个国家的安全标准并得到其法定部门颁发的证书，比如获得UL机构颁发的证书，就称为取得了UL认证。中国的安全认证机构是CCC（中国强制认证：China Compulsory Certification）。不管是哪国的安全认证，都对爬电距离、抗电强度、漏电流、温度等方面做出了严格规定。

鼠　　标

　　鼠标是计算机的一种输入设备，分有线和无线两种，也是计算机显示系统纵横坐标定位的指示器，因形似老鼠而得名"鼠标"（港台作滑鼠）。

　　"鼠标"的标准称呼应该是"鼠标器"，英文名"Mouse"，鼠标的使用是为了使计算机的操作更加简便快捷，来代替键盘那烦琐的指令。

　　鼠标按其工作原理的不同分为机械鼠标和光电鼠标，机械鼠标主要由滚球、辊柱和光栅信号传感器组成。当你拖动鼠标时，带动滚球转动，滚球又带动辊柱转动，装在辊柱端部的光栅信号传感器采集光栅信号。传感器产生的光电脉冲信号反映出鼠标器在垂直和水平方向的位移变化，再通过电脑程序的处理和转换来控制屏幕上光标箭头的移动。

鼠标按接口类型可分为串行鼠标、PS/2鼠标、总线鼠标、USB鼠标（多为光电鼠标）四种。串行鼠标是通过串行口与计算机相连，有9针接口、25针接口两种。PS/2鼠标通过一个六针微型DIN接口与计算机相连，它与键盘的接口非常相似，使用时注意区分。总线鼠标的接口在总线接口卡上。USB鼠标通过一个USB接口，直接插在计算机的USB口上。

光电鼠标器是通过检测鼠标器的位移，将位移信号转换为电脉冲信号，再通过程序的处理和转换来控制屏幕上的光标箭头的移动。

与光电鼠标发展的同一时代，出现一种完全没有机械结构的数字化光电鼠标。设计这种光电鼠标的初衷是将鼠标的精度提高到一个全新的水平，使之可充分满足专业应用的需求。这种光电鼠标没有传统的滚球、转轴等设计，其主要部件为两个发光二极管、感光芯片、控制芯片和一个带有网格的反射板（相当于专用的鼠标垫）。工作时光电鼠标必须在反射板上移动，X发光二极管和Y发光二极管会分别发射出光线照射在反射板上，接着光线会被反射板反射回去，经过镜头组件传递后照射在感光芯片上。感光芯片将光信号转变为对应的数字信号后将之送到定位芯片中专门处理，进而产生X－Y坐标偏移数据。

此种光电鼠标在精度指标上的确有所进步，但它在后来的应用中暴露出大量的缺陷。首先，光电鼠标必须依赖反射板，它的位置数据完全依据反射板中的网格信息来生成，倘若反射板有些弄脏或者磨损，光电鼠标便无法判断光标的位置所在。倘若反射板不慎被严重损坏或遗失，那么整个鼠标便就此报废。其次，光电鼠标使用非常不人性化，它的移动方向必须与反射板上的网格纹理相垂直，用户不可能快速地将光标直接从屏幕的左上角移动到右下角。最后，光电鼠标的造价颇为高昂，数百元的价格在今天来看并没有什么了不起，但在那个年代人们只愿意为鼠标付出20元左右的资金，光电鼠标的高价位便显得不近情理。由于存在大量的弊端，这种光电鼠标并未得到流行，充其量也只是在少数专业作图场合中得到一定程度的应用，但随着光电鼠标的全面流行，这种光电鼠标很快就被市场所淘汰。

光学鼠标器是微软公司设计的一款高级鼠标。它采用NTELLIEYE技术，在鼠标底部的小洞里有一个小型感光头，面对感光头的是一个发射红外线的发光管，这个发光管每秒钟向外发射1500次，然后感光头就将这1500次的反射回馈给鼠标的定位系统，以此来实现准确的定位。所以，这种鼠标可在任何地方无限制地移动。

虽然光电鼠标惨遭失败，但全数字的工作方式、无机械结构以及高精度的优点让业界为之瞩目，倘若能够克服其先天缺陷必可将其优点发扬光大，制造出集高精度、高可靠性和耐用性的产品在技术上完全可行。而最先在这个领域取得成果的是微软公司和安捷伦科技。在1999年，微软推出一款名为"Intelli Mouse Explorer"的第二代光电鼠标，这款鼠标所采用的是微软与安捷伦合作开发的 Intelli Eye 光学引擎，由于它更多借助光学技术，故也被外界称为"光学鼠标"。

光学鼠标既保留了光电鼠标的高精度、无机械结构等优点，又具有高可靠性和耐用性，并且使用过程中无须清洁亦可保持良好的工作状态，在诞生之后迅速引起业界瞩目。2000年，罗技公司也与安捷伦合作推出相关产品，而微软在后来则进行独立的研发工作并在2001年末推出第二代 Intelli Eye 光学引擎。这样，光学鼠标就形成以微软和罗技为代表的两大阵营，安捷伦科技虽然也掌握光学引擎的核心技术，但它并未涉及鼠标产品的制造，而是向第三方鼠标制造商提供光学引擎产品，市面上非微软、罗技品牌的鼠标几乎都是使用它的技术。

光学鼠标的结构与上述所有产品都有很大的差异，它的底部没有滚轮，也不需要借助反射板来实现定位，其核心部件是发光二极管、微型摄像头、光学引擎和控制芯片。工作时发光二极管发射光线照亮鼠标底部的表面，同时微型摄像头以一定的时间间隔不断进行图像拍摄。鼠标在移动过程中产生的不同图像传送给光学引擎进行数字化处理，最后再由光学引擎中的定位 DSP 芯片对所产生的图像数字矩阵进行分析。由于相邻的两幅图像总会存在相同的特征，通过对比这些特征点的位置变化信息，便可以判断出鼠标的移动方向与距离，这个分析结果最终被转换为坐标偏移量，实现光标的定位。

键　盘

键盘是最常用也是最主要的输入设备，通过键盘可以将英文字母、数字、标点符号等输入到计算机中，从而向计算机发出命令、输入数据等。

PCXT/AT 时代的键盘主要以 83 键为主并且延续了相当长的一段时间，但随着视窗系统的流行已经逐渐淘汰，取而代之的是 101 键和 104 键键盘，并占据市场的主流地位，当然其间也曾出现过 102 键、103 键的键盘，但由于推广不善，都只是昙花一现。

紧接着 104 键键盘出现的是新兴多媒体键盘，它在传统的键盘基础上又增加了不少常用快捷键或音量调节装置，使 PC 操作进一步简化，对于收发电子邮件、打开浏览器软件、启动多媒体播放器等都只需要按一个特殊按键即可，同时在外形上也做了重大改善，着重体现了键盘的个性化。

起初这类键盘多用于品牌机，如 HP、联想等品牌机都率先采用了这类键盘，受到广泛的好评，并曾一度被视为品牌机的特色。随着时间的推移，渐渐的市场上也有独立的具有各种快捷功能的产品单独出售，并带有专用的驱动和设定软件，在兼容机上也能实现个性化的操作。

键盘是最常见的计算机输入设备，它广泛应用于微型计算机和各种终端设备上，计算机操作者通过键盘向计算机输入各种指令、数据，指挥计算机的工作。计算机的运行情况输出到显示器，操作者可以很方便地利用键盘和显示器与计算机对话，对程序进行修改、编辑，控制和观察计算机的键盘运行。

随着笔记本电脑的兴起，人们对便携性要求越来越高，一种便携型新原理键盘诞生，这就是四节输入法键盘。该键盘进一步提高了操作简便性和输入性能，并将鼠标功能融合在键盘按键中，还有对长时间面对电脑的身体有好处的人体键盘。

键盘字母排列顺是按照字母使用频率的高低来排序的。有心的读者也许会感到奇怪：为什么要把26个字母做出这种无规则的排列呢？既难记忆又难熟练。据说其原因是这样的：

在19世纪70年代，肖尔斯公司是当时最大的专门生产打字机的厂家。由于当时机械工艺不够完善，使得字键在击打之后的弹回速度较慢，一旦打字员击键速度太快，就容易发生两个字键绞在一起的现象，必须用手很小心地把它们分开，从而严重影响了打字速度。为此，公司时常收到客户的投诉。

为了解决这个问题，设计师和工程师伤透了脑筋。后来，有一位聪明的工程师提议：打字机绞键的原因，一方面是字键弹回速度慢，另一方面也是打字员速度太快了。既然我们无法提高弹回速度，为什么不想办法降低打字速度呢？

　　这无疑是一条新思路。降低打字员的速度有许多方法，最简单的方法就是打乱26个字母的排列顺序，把较常用的字母摆在笨拙的手指下，比如，字母"O"、"S"、"A"是使用频率很高的，却由最笨拙的右手无名指、左手无名指和左手小指来击打。使用频率较低的"V"、"J"、"U"等字母却由最灵活的食指负责。

　　结果，这种"QWERTY"式组合的键盘诞生了，并且逐渐定型。后来，由于材料工艺的发展，字键弹回速度远大于打字员击键速度，但键盘字母顺序却无法改动。至今出现过许多种更合理的字母顺序设计方案，但都无法推广，可知社会的习惯势力是多么强大。

　　另外，键盘也指键盘类乐器，如电子琴、钢琴等。在乐队现场演出时，许多声效（如摇滚乐中的弦乐声）需要电子琴或电子钢琴来模拟，负责这一类乐器的乐手被称作"键盘手"。

微处理器的生产过程

　　微处理器是通过光刻工艺进行加工的，因此微处理器可以拥有20多层的晶体管。晶体管其实就是一个双位的开关：即开和关。开和关，对于机器来说即0和1。那么，如何制作一个微处理器呢？

首先需要一张利用激光器刚刚从硅柱上切割下来的硅片，它的直径约为 20 厘米。每张硅片可以制作数百个微处理器。每一个微处理器不足 1 平方厘米。

下一步，在硅片上镀膜，也就是增加一层二氧化硅构成的绝缘层。随后，再镀上一种称为"光刻胶"的材料。这种材料在经过紫外线照射后会变软、变黏。再把微处理器电路设计的照相掩模贴放在光刻胶的上方。

重要的一步是曝光。将掩模和硅片用紫外线曝光，掩模的作用是允许光线照射到硅片上的某区域而不能照射到掩盖住的区域，然后，用一种溶液将光线照射后完全变软变黏的光刻胶区域除去，这就露出了其下面的二氧化硅。

最后，除去暴露的二氧化硅以及残余的光刻胶。电路的基本形式大功告成。

接着，硅片用一种化学离子混合液进行处理。这样，被处理的区域的导电方式就改变了，使每个晶体管可以通、断或携带数据。这个工艺一次又一次地重复，就制成该微处理器的许多层。不同层可连接起来。

然后，把这个半成品接入自动测试设备中，进行每秒高达 1 万次的检测，确保它能正常工作。在通过所有的测试后再将它封入一个陶瓷的或塑料的封壳中，然后，制作出来的芯片就可以很容易地装在一块电路板上了。

看起来，这个过程似乎花不了那么多钱，那么，微处理器为什么还是价格很高呢？这主要是工艺中要使用无菌防尘技术的问题。

生产微处理器的环境要非常干净。相比之下，工厂中生产芯片的超净化室比医院的手术室要洁净1万倍。"一级"的超净化室最为洁净，每平方英尺（1平方英尺约合929平方厘米）只允许有一粒灰尘。这真让人咋舌！达到如此一个无菌的环境当然要采取许多特殊措施：例如，空气每分钟要彻底更换一次；工作人员穿着特殊的称为"兔装"的工作服，穿着时必须经过含有54个单独步骤的严格着装程序。

光盘和光驱

光盘是以光信息作为存储物的载体，是用来存储数据的一种物品。光盘分为不可擦写光盘，如 CD-ROM、DVD-ROM 等；可擦写光盘，如 CD-RW、DVD-RAM 等。光驱是电脑用来读写光碟内容的机器，是台式机里比较常见的一个配件。随着多媒体的应用越来越广泛，使得光驱在台式机诸多配件中已经成为标准配置。

光盘（激光盘片）和光驱（光盘驱动器）技术是随着光电子技术的发展而兴起的，以激光为光源。由于激光具有强度高、方向性好、单色性好的优点，经过光学系统聚焦可形成直径不到1微米的光点。因此，激光对被照部位的反射率变化、结晶状态变化、磁化方向变化和形貌变化等信息都非常敏感。所以，利用特殊的激光烧孔技术可以在光盘表面的记录膜上记录信息（记录的方式也采用二进制），光驱中则有一个微型的半导体激光发射器，利用它发出的激光点对盘片在转动中进行扫描，通过对记录膜上介质的各种变化来读出信息，再按照二进制的语言将数据交由微处理器处理。

光盘存储信息有很多优点：①记录密度高，存储量大，超过磁盘的 100～1000 倍。一张标准光盘有 650MB 的数据容量，用于文字存储可存放 3.4 亿个汉字，存储声音或活动图像可支持 74 分钟的播放；②采用非接触的读写方式，盘面不会磨损擦伤，也不会轻易损坏光头；③信息可以长期保存，存储寿命可达 10～50 年；④可靠性高，对使用环境要求不高，机械震动的问题较少，不需要特殊的防震与除尘设备；⑤制作成本低，每片价格低于 1 元钱，且易于大量复制。

由于光盘的这些优点，尤其是容量大和损耗小，它得到了越来越广泛的使用。例如，现在所有的流行软件（包括大型操作系统）都可以装在一张光盘上；一些不常用的文件也可以从硬盘中清出到光盘中，从而把更多的硬盘空间留给程序的运行；又如，保存图像信息需要大量的存储空间，而一张光盘可以存放成千上万张图片，随取随用；通过压缩技术还可以存储活动图像和声音，从而实现多媒体功能；一些大型的数据库、资料库也纷纷采用光盘为载体，甚至对传统的通信媒体发生了冲击。由此可以看到，光盘应用的前景无限广阔。

光驱是电脑用来读写光碟内容的机器，也是在台式机和笔记本便携式电脑里比较常见的一个部件。随着多媒体的应用越来越广泛，使得光驱在计算机诸多配件中已经成为标准配置。光驱可分为 CD-ROM 驱动器、DVD 光驱（DVD-ROM）、康宝（COMBO）、蓝光光驱（BD-ROM）和刻录机等。

DVD 光驱指读取 DVD 光盘的设备，可以同时兼容 CD 光盘与 DVD 光盘。标准 DVD 盘片的容量为 4.7GB，相当于 CD-ROM 光盘的七倍，可以存储 133 分钟电影，包含七个杜比数字化环绕音轨。DVD 盘片可分为 DVD-ROM、DVD-R（可一次写入）、DVD-RAM（可多次写入）、DVD-RW（读和重写）、单面双层 DVD 和双面双层 DVD。目前的 DVD 光驱多采用 ATAPI/EIDE 接口或 Serial ATA（SATA）接口，这意味着 DVD 光驱能像硬盘一样连接到 IDE 或 SATA 接口上。

值得注意的是，光驱的速度都是标称的最快速度，这个数值是指光驱在读取盘片最外圈时的最快速度，而读内圈时的速度要低于标称值，大约在 24X 的水平。现在很多光驱产品在遇到偏心盘、低反射盘时采用阶梯性自动减速的方式，也就是说，从 48X 到 32X 再到 24X/16X，这种被动减速方式严重影响主轴马达的使用寿命。此外，缓冲区大小、寻址能力同样起着非常大的作用。目前 CD-ROM 所能达到的最大 CD 读取速度是 56 倍速；DVD-ROM 读取 CD-ROM 速度方面要略低一点，达到 52 倍速的产品还比较少，大部分为 48 倍速；COMBO 产品基本都达到了 52 倍速。以目前的软件应用水平而言，对光驱速度的要求并不是很苛刻，48X 光驱产品在一段时间内完全能够满足使用需要。因为目前还没有哪个软件要求安装时使用 32X 以上的光驱产品。此外，CD-ROM 作为数据的存储介质，使用率远远低于硬盘，因为总没有谁会将 WIN98 安装在光盘上运行吧？

DOS 的含义

面对一台电脑，我们怎样让它开始工作呢？这就要靠电脑的司令官来指挥，就像我们人要做工作、学习等事情都要靠大脑来指挥一样。电脑的司令官就是"DOS"，当然你自己就成了总指挥，由你指挥 DOS，让 DOS 操纵电脑工作。

DOS 是英文 Disk Operating System（磁盘操作系统）的缩写。DOS 是美国 Microsoft 公司于 1981 年开发出来的，并命名为 MS-DOS（取该公司名字的两个字母作前缀）。同年美国 IBM 公司选定 MS-DOS 作为其新设计的个人计算机（简称 IBM—PC）的基本操作系统，又将其命名为 PC—DOS。

这里提一下汉字操作系统。汉字操作系统，指的是 CC—DOS，它是英文 Chinese Character Disk Operating System（汉字操作系统）的缩写。它是原国家电子工业部六所在 PC—DOS 基础上，为 IBM—PC 及其兼容机开发出来的汉字操作系统。

任何一个操作系统都有它自己的版本号。版本号可以使用户了解所运行的操作系统是否是最新版本，以及当前各版本所支持的功能。

DOS系统是不断向前发展的，版本也是不断更新的，同时功能也不断增强。国内用得比较多的，有最初的1.0版，之后的2.0版，再晚一些的3.0版、3.1版、3.3版、4.0版；再后来使用得最为广泛的，是DOS3.31、DOS5.0和6.2版，此外还有6.21和6.22版。

第三章
计算机的工作原理及功能运用

  计算机在运行时，先从内存中取出第一条指令，通过控制器的译码，按指令的要求，从存储器中取出数据进行指定的运算和逻辑操作等加工，然后再按地址把结果送到内存中去。接下来，再取出第二条指令，在控制器的指挥下完成规定操作。依次进行下去，直至遇到停止指令。程序与数据一样存贮，按程序编排的顺序，一步一步地取出指令，自动地完成指令规定的操作是计算机最基本的工作原理。这一原理最初是由美籍匈牙利数学家冯·诺依曼于1945年提出来的，故称为冯·诺依曼原理。

计算机的工作原理

　　一台机器，无论它是怎样工作的，都要依据一定的原理。机器工作的原理就像人类生活的规律一样，不同种族有不同的生活习惯。同理，不同类型的计算机也会有不同的工作原理。但是，计算机总的工作原理是相同的，它工作最基本的原理是存储程序和程序控制。

　　计算机在工作之前，要预先把指挥计算机如何进行操作的指令序列（也被称为程序）、原始数据，通过输入设备输送到计算机内存储器中，并且在每一条指令中都明确规定了计算机是从哪个地址取数的，准备进行什么操作，然后又送到什么地址去等步骤。

　　当计算机做好工作前的准备后，就可以正常运行了。运行的时候先是从内存中取出第一条指令，通过控制器的译码，按指令的要求，从存储器中取出数据，然后进行指定的运算和逻辑操作等方面的加工，再按地址要求，把结果送到内存中去。待第一条指令完成后，再进行第二条指令，在控制器的指挥下完成规定操作。就这样依次进行下去，直至遇到停止指令的时候才会停下来。或许有的人会问，计算机这样一条一条地取指令是不是很慢，也很麻烦？其实不用担心，因为计算机的运行速度是非常快的，一条指令的操作，只会用一点点的时间。因此，当我们在操作计算机进行工作的时候，一点也不会感觉慢。计算机的工作原理，最初是由美籍匈牙利数学家冯·诺依曼于1945年提出来的，因此，计算机的工作原理也被称为冯·诺依曼原理。

依据冯·诺依曼原理：计算机工作时，采用的是二进制数的形式来表示数据和指令的，它把数据和指令按照一定的顺序存放在存储器中，在计算机要读取或者输出时就可以直接在存储器中进行。我们知道，计算机是由控制器、运算器、存储器、输入设备和输出设备等几大部分组成的，它的核心是"存储程序"和"程序控制"，也就是说，计算机是以此为工作原理的。

此外，根据冯·诺依曼原理来分析，计算机的工作过程也就是不断地取指令和执行指令的过程，最后将计算结果放入指令指定的存储器地址中。在计算机工作的过程中，所要用到的计算机硬件部件有内存储器、指令寄存器、指令译码器、计算器、控制器、运算器、输入设备、输出设备等。关于内存储器、运算器、输入设备以及输出设备我们在前面已经介绍过了，在此就不再重复介绍。那么，你知道什么是指令寄存器和指令译码器吗？

指令寄存器（IR）主要是用来保存当前正在执行的一条指令，例如当我们正在应用word文档的时候，在还没有进行保存的情况下，文档中的东西都会被暂时保存到指令寄存器中。当计算机在执行一条指令时，它首先把指令从内存储器中提取出来，再把指令放到数据寄存器（DR）中，然后再传送至指令寄存器汇总（IR）。

那么，什么是指令译码器呢？首先我们要知道，一条指令可以被划分为操作码字段和地址码字段两个部分，它们都是由二进制数字组成的。所以，如果要执行给定的指令，就必须对操作码进行测试，只有这样才能识别所要求的操作。而指令译码器就是专门来做这项工作的。指令寄存器中操作码字段的被输出，就是指令译码器中的操作码字段被输入。操作码在经过译码后，就可以向操作控制器发出具体操作的特定信号。

在计算机工作原理的基础上，冯·诺依曼又提出了计算机的基本结构，他认为计算机所具有的结构特点是在完成指定的计算、存储以及其他工作时，所使用的是单一的处理部件；所具有的存储单元是特定长度的线性组织；每一个存储空间的单元都是直接寻址的；所使用的语言是低级的机器语言，操作的指令能够通过操作码来完成简单的操作；能够对计算进行集中的顺序控制；硬件系统由运算器、存储器、控制器、输入设备、输出设备五大部件组成，并且不同的部件之间有不同的功能，相互协调共同完成计算机操作任务；采用二进制形式来表示数据和指令；在执行程序和处理数据时必须将程序和数据先从外存储器装入主存储器中，然后才能使计算机在工作时能够自动从存储器中取出指令并执行指令。

其实，计算机的工作过程和我们计算的过程差不多，只是计算机的速度要比人脑的反应速度快很多。例如我们在计算3＋2－1＝？的时候，我们首先是通过眼睛看到这个算式，然后与大脑相连的神经再把我们看到的东西传送到大脑中去，大脑接到信号后再进行思考，然后根据算术法则来进行一步步的计算，最后得出计算结果4，然后再把结果填写到纸上。那么，如果用计算机来计算呢？当我们在键盘上键入"3＋2－1"的算式时，计算机的控制器会首先通知输入设备——键盘接收这个算式，然后再将这个算式送到存储器里记录下来，然后控制器再根据这个算式的内容来命令运算器对此进行计算，等到运算器算出运算结果时，并不是急于输出结果，而是让存储器先存起来，等到控制器发出让输出设备——显示器把计算机计算的结果在屏幕上显示出来的命令时，显示器才能将计算结果显示给我们看。

由此我们可以看出，计算机的工作原理是先由控制器发动输入设备将计算机要执行的命令输入计算机内，然后再由运算器将存储器中的算式进行处理，最后把存储器中的最终结果送到输出设备上。在这一过程中，控制器发挥着十分重要的作用，它相当于人的大脑司令部，没有它的命令计算机就不能正常进行工作。

总之，计算机的基本工作原理就是依据冯·诺依曼原理来进行的。其中一些关于硬件和软件是如何来工作的，在前面我们已经介绍过了。计算机和人的大脑工作原理有一定的相似之处，因此，有人就说计算机是人体的另一个大脑。当然，这只是一个比喻，不过从中我们也能更形象地理解计算机是如何进行工作的。既然这样，人与人是不同的，不同的人也会有不同的工作方式，那么计算机呢？计算机有哪些分类呢？我们又如何来理解不同类型的计算机的工作原理呢？

计算机数据处理方式

按照计算机数据处理方式的不同，可以将计算机分为数字计算机、模拟计算机以及数模混合计算机等。

1. 数字计算机

数字计算机是当今世界电子计算机行业中的主流，它内部处理的是一种被称为符号或数字信号的电信号，也是一种非连续变化的数据。这些数据的主要特点是在时间上处于"离散"状态，输入的是数字量，输出的也是数字量，并且在相邻的两个符号之间不能有第三种符号存在。由于这种处理信号的差异，使得它的组成结构和性能优于模拟式电子计算机。另外，数字计算机运算部件是数字逻辑电路，因此，它的运算精度比较高，通用性也比较强。

2. 模拟计算机

模拟计算机内部的各个主要部件的输入量及输出量都是连续变化着的电压、电流等物理量，也就是说它所有数据都是用连续变化的模拟信号来表示的。它基本的运算部件是由运算放大器构成的各类运算电路。模拟信号在时间上是连续的，通常称为模拟量，如电压、电流、温度都是模拟量。模拟计算机的组成是由若干种作用及数量不同的积分器、加法器、乘法器、函数产生器等部件构成的。

它的工作原理是先把要研究问题的数学模型的一个部件的输出端，与另一个或几个部件的输入端互连起来，这样使整个计算机的输出量与输入量之间的数学关系，变成模拟式的研究问题的客观过程，但是，模拟计算机不如数字计算机计算得精确，并且通用性也不强。由于模拟计算机的解题速度快，因此它主要用于过程控制和模拟仿真。

3. 数模混合计算机

这个名字听上去有点奇怪，什么是数模呢？其实这是指该计算机具备数字计算机和模拟计算机的特点。数模混合计算机又被简称为混合计算机。它通过数模转换器和模数转换器将数字计算机和模拟计算机连接在一起，构成一个完整的混合计算机系统。混合计算机的组成一般由数字计算机、模拟计算机和混合接口三部分构成。模拟计算机部分承担的是快速计算的工作，数字计算机部分承担的是高精度运算和数据处理的工作，因此，这就成就了混合计算机的运算速度快、计算精度高、逻辑和存储能力强、存储容量大和仿真能力强等一系列优点。它既能接受、输出和处理模拟量，又能接受、输出和处理数字量。

那么，混合计算机是怎样来工作的呢？其实，在工作的时候，模拟计算机先把它内部的模拟变量，通过模数转换器转换为数字变量，然后再传送至数字计算机中；而数字计算机中的数字变量，通过数模转换器把数字转换为模拟信号，再传送到模拟计算机中。此外，在这一过程中，除了有计算变量的转换和传送外，还有逻辑信号和控制信号的传送。这样，混合计算机在工作的时候就像一个大的运转枢纽，完成各种信号和数据的转换和传送。

目前，混合计算机已经发展成为一种具有自动编排模拟程序能力的混合多处理计算机系统。它是由一台超小型计算机、一两台外围阵列处理机、几台具有自动编程能力的模拟处理机组成。另外，在各类处理机之间，通过一个混合智能接口，就能完成数据和信号的转换与传送。随着电子科学技术的不断发展，混合计算机的应用领域也不断扩大，现在它主要用于航空航天、导弹系统等实时性的、高科技含量的大系统中。

计算机使用范围分类

我们知道，目前有的计算机是大家都能通用的，而有的计算机是专用于特殊的场合的，属于专用计算机。因此，这说明了在不同的范围内需要使用不同的计算机。根据这一点我们又可以把计算机分为通用计算机和专用计算机两类。

1. 通用计算机

通用计算机是指为解决各种问题而设计的计算机，具有较强的通用性。它的优点是具有较高的运算速度、较大的存储容量、配备齐全的外部设备及软件等。它适合于科学计算、数据处理、工程设计、学术研究以及过程控制等领域，但是，它也具有一定的劣势，比如它与专用的计算机相比，结构比较复杂，而且价格也很昂贵，一度只适合于研究所或者公司使用，不适合个人使用。

2. 专用计算机

顾名思义，专用计算机就是为适应某种特殊应用而设计的计算机，它一般被用来解决某一特定的问题。它的优点是运行效率高、速度快、精度高。它拥有固定的存储程序，一般用在过程控制中。例如，控制轧钢过程的轧钢控制计算机、计算导弹的弹道专用计算机以及智能仪表、飞机的自动控制等。

另外，科学家还研制出了专门供盲人使用的计算机，这就能让盲人和普通的人一样，享受到高科技带给他们的便捷和快乐！盲人计算机从外观上来看与普通电脑没有太大的区别，只是它的键盘上的字母键有一些专供盲人识别的标记，通过指头触摸可以判断出键位。另外，敲打键盘时，不同的字母键会发出与字母相对应的读音。盲人计算机上还安装了语音软件，通过该软件可以将屏幕信息读出来。也就是说，盲人每操作一步都有语音提示，他们就能根据语音的提示来进行计算机的操作了。

计算机 CPU 的不同分类

CPU 是电脑的心脏，一台电脑所使用的 CPU 基本决定了这台电脑的性能和档次。CPU 发展到了今天，频率已经到了 2GHZ。在我们决定购买哪款 CPU 或者阅读有关 CPU 的文章时，经常会见到例如外频、倍频、缓存等参数和术语。这里把一些常用的和 CPU 有关的术语及分类做个简要介绍。

CPU 是 Central Processing Unit（中央处理器）的缩写。它由运算器和控制器组成，如果把计算机比作一个人，那么 CPU 就是他的心脏，其重要作用由此可见一斑。不管什么样的 CPU，其内部结构归纳起来可以分为控制单元（Control Unit，CU）、逻辑单元（Arithmetic Logic Unit，ALU）和存储单元（Memory Unit，MU）三大部分，这三个部分相互协调，便可以进行分析、判断、运算并控制计算机各部分协调工作。

CPU 从最初发展至今已经有二十多年的历史了，这期间，按照其处理信息的字长，CPU可以分为：四位微处理器、八位微处理器、十六位微处理器、三十二位微处理器以及六十四位微处理器，等等。目前我们常用的处理器主要是INTEL和AMD的。对于CPU的性能参数所要注意的是以下几点：

CPU主频，即CPU内部的时钟频率，是CPU进行运算时的工作频率。一般来说，主频越高，一个时钟周期里完成的指令数也越多，CPU的运算速度也就越快。但由于内部结构不同，并非所有时钟频率相同的CPU性能都一样。

外频即系统总线，CPU与周边设备传输数据的频率，具体是指CPU到芯片组之间的总线速度。

倍频是指CPU和系统总线之间相差的倍数，当外频不变时，提高倍频，CPU主频也就越高。倍频可使系统总线工作在相对较低的频率上，而CPU速度可以通过倍频来无限提升。CPU主频的计算方式为：主频＝外频×倍频。

对于Intel CPU，目前使用的主要有SOCKET 478和LGA 775接口。对于AMD CPU，目前使用的主要有SOCKET 754、SOCKET 939和SOCKET 462（即SOCKET A）。

CPU缓存分为一级和二级缓存。一级缓存，即L1 Cache。集成在CPU内部中，用于CPU在处理数据过程中数据的暂时保存。由于缓存指令和数据与CPU同频工作，L1级高速缓存的容量越大，存储的信息越多，可减少CPU与内存之间的数据交换次数，提高CPU的运算效率。一般L1缓存的容量通常在32～256KB。二级缓存，即L2 Cache。由于L1级高速缓存容量的限制，为了再次提高CPU的运算速度，在CPU外部放置一高速存储器，即二级缓存。

工作主频比较灵活，可与CPU同频，也可不同。CPU在读取数据时，先在L1中寻找，再从L2寻找，然后是内存，再后是外存储器。现在普通台式机CPU的L2缓存一般为128KB到2MB或者更高，笔记本、服务器和工作站上用CPU的L2高速缓存，最高可达1MB～3MB制造工艺。现在所使用的CPU制造工艺一般是$0.13\mu m$、$0.09\mu m$，随着工艺水平的进步，目前已经提高到64纳米，将来会更高。

总线是将计算机微处理器与内存芯片以及与之通信的设备连接起来的硬件通道。前端总线负责将CPU连接到主内存，前端总线（FSB）频率则直接影响CPU与内存数据交换速度。数据传输最大带宽取决于同时传输的数据的宽度和传输频率，即数据带宽＝（总线频率×数据位宽）/8。目前PC机上CPU前端总线频率有266MHz、333MHz、400MHz、533MHz、800MHz等几种。前端总线频率越高，代表着CPU与内存之间的数据传输量越大，更能充分发挥出CPU的功能。外频与前端总线频率的区别与联系在于：前端总线的速度指的是数据传输的实际速度，外频则是CPU与主板之间同步运行的速度。大多数时候前端速度都大于CPU外频，且成倍数关系。

超线程技术是Intel的创新设计，借由在一颗实体处理器中放入二个逻辑处理单元，让多线程软件可在系统平台上平行处理多项任务，并提升处理器执行资源的使用率。使用这项技术，处理器的资源利用率理论上平均可提升40％，大大增加处理的传输量。CPU的使用要和主板配合使用，只有主板CPU插槽和CPU接口型号对应才能配合使用，否则根本无法安装，同时需要注意的是主板芯片组型号，部分芯片组由于性能限制配合某些CPU可能无法正常工作！随着新技术的发展CPU已经从32位升级到64位，同时内核也有所增加，如Intel的双核心CPU。

　　介绍CPU的文章很多，但对大多数用户来说，却未必有机会把机箱里面的CPU拆出来看看，因此，我们通过系统以及简单的软件方法了解自己的处理器。如果只想了解自己的CPU型号，Windows/XP/7这些操作系统都能帮我们完成这个任务。进入Windows后，右键单击"我的电脑"，在弹出菜单中点击"系统属性"，那么新弹出的"系统属性"窗口中就会显示CPU的属性。当系统搭配的是早期CPU（主要是在Intel Pentium Ⅲ以前的CPU）时，这里只会显示CPU的型号。而Intel在新处理器中（后期推出的Pentium Ⅲ系列处理器以及Pentium 4处理器），在CPU内部加入了CPU速度信息，因此现在进行CPU检测时还会有后面的2.40GHz字样，这就是这块CPU的标准运行频率。

　　另外，Windows系统属性还能读取CPU的实际运行速度，在CPU下面的3.21GHz就是CPU的实际运行频率。需要知道的是，按道理CPU的实际运行频率与标准运行频率应该一致，但因为各厂家的主板调节频率的方式不一致的原因，这里的频率会有一定的误差。而如果两个频率差别过大，比如标准运行频率是2.40GHz，而实际运行频率是3.21GHz，那么你就遇到CPU超频了，而如果这CPU是你按照3.20GHz的型号购买的，那么你就肯定遇到奸商了。当实际频率明显低于标准频率，则说明要么BIOS中CPU型号设置有错，要么你的CPU或者主板有自动降频节能功能，这在笔记本CPU中很常见。如果用户使用的是AMD系列处理器，也会看到相似的 CPU 信息，不过如果使用的是 AMD Athlon XP 系列处理器，则它没有 Intel 的标准运行频率，只有当前 CPU 的 PR 值，而这个值是按照当前的 CPU 实际运行速度推算出来的，并不是一个固定的信息。因此，我们不能用这个方法来判断 Athlon XP 处理器是否为 Remark。在 AMD 的 64 位处理中，AMD 也把 CPU 型号信息固化在 CPU 中了，可以通过了解此信息来看购买的 AMD 64 位处理器是否为真品。

AMD 的 64 位处理器由低到高包括 Athlon 64、Athlon 64 FX 和 Opteron 三类。如果我们留意 Intel Pentium 4 处理器的标志，会发现标志的右上角有"HT"字样，这表示这块 CPU 支持 Hyper Threading 技术，能把一块 CPU 模拟为两块 CPU，提高 CPU 的使用效率。那么在使用带有"HT"技术的 Pentium 4 处理器时，如何检测是否成功开启了"HT"技术呢？只要启动 Windows 的任务管理器，然后查看其中的"性能"菜单下的 CPU 使用记录，如果看到两个 CPU 使用窗口，就表示成功开启了超线程设置。

计算机的记忆能力

计算机有一个突出的特点，那就是它具有很强的记忆功能。它能准确可靠地"记"住大量信息，既不会记错，也不会忘记。人的记忆能力来自大脑，计算机的记忆能力是从哪里来的呢？

计算机的记忆能力来自它的存储器。存储器是计算机的主要部件之一，它由许许多多的记忆元构成。这些记忆元——也就是存储器被分成8个一组、16个一组、32个一组或64个一组等，每组称为一个存储单元，每个单元都有自己固定的编号，就像一座宾馆的摩天大楼，楼里有许多编好号的单元房间一样。根据这些编号，客人就能准确地找到自己的房间。与大楼里的走廊相对应，计算机也有自己的走廊——数据总线，需要记忆的信息通过走廊进入房间。因为每个单元的编号是唯一确定的，而且，哪一个数据进了哪一个存储单元，计算机系统都予以登记。所以，等到需要某一个数据的时候，就可以按照地址码，也就是单元编号去访问。这样，就保证不会发生弄错数据的事。此外，计算机还有一个特性：写入（也就是装进）一个存储单元的数据，进去以后就驻留在那里，只要你不第二次对这单元写入不同的数据，它就会始终待在里面，绝不会自己跑出来。因此，计算机一经"记住"的事，它就绝不会忘记。

那么，存储器是怎样记住那些信息的？换句话说，信息是怎样被装进那些存储器单元里去的？让我们先来看看存储单元是怎样构成的。存储器的每一个存储单元由若干个存储元构成，每一个存储元可以有两种状态，即0状态和1状态。一个8位的存储单元，就是由8个这样的存储单元组成，我们可以想象它是8个排列整齐的二极管。每一个二极管要么是通，要么是不通。如果规定通为0，不通为1，那么每一个二极管就可以表示一个二进制数位。这样，每一个存储单元便可以表示一个8位的二进制数。假如我们想要让计算机记住数字5，用二进制写出来就是"101"。把它存放在8位的存储单元里便成了下面这个样子：

00000101

如果以二极管是通表示 0，不通表示 1，那么，处于左面第一位和右面第三位的 2 个二极管为不通，其余 6 个都为通的。这 8 个二极管，就记下了数字 5。同样，若要记数字 123（十进制），则是：

01111011

这样，只要我们把想要让计算机"记住"的信息用这种二进制编码表示，便能以上述方式装入计算机。计算机存储器里类似二极管这样的存储单元便"记住"了这些信息。

经过几十年的研究和实践，现在计算机存储器已发展到用集成电路来实现。随着集成电路集成度的迅速提高，在一定的几何空间内可容纳的信息量越来越大，计算机的存储器就可以做得越来越大——只要技术条件和经济条件允许，而不必顾虑几何空间的限制。

计算机的智力

我们经常可以看到或听到一些这样的报道：用计算机又实现了对什么什么过程的控制；用计算机驾驶飞机、跟踪导弹、监测卫星；用计算机给学生上课、给病人看病、与棋手下棋；用计算机辅助设计、辅助制造；用计算机辅助决策；等等。计算机家族里的机器人还可以代替人类去干那些危险的、不适合人类干的活，到那些危险的、人类不能去的地方去探险。如此看来，计算机既聪明又勇敢，什么都行，什么都会，具有超人的智慧和力量。况且，在计算机技术飞速发展的今天，几乎天天有新东西出现；天天有更先进的计算机软件、硬件新产品问世。照此发展下去，有一天，计算机的智力不是要超过人的智力了吗？为了找到这个问题的答案，让我们先来看看计算机的智力是从哪里来的。

实际上，一台只有硬设备的计算机，在给它配备上程序以前，只不过是一个聪明的傻瓜：反应灵敏，却不会动"脑筋"，什么也不会干。当人们想要用它干什么事时，必须把要它干的每一个极微小的步骤用编程序的方法告诉计算机，用编好的程序教给它干什么，应该怎么干。如果编程序的人稍微疏忽，忘记把某一个微小的细节编在程序里告诉它，它就会犯错误。因为计算机绝没有能力主动发挥，去做人们没有教它做的事。比如说一个会走路的机器人。给它编制一个向前走20米的程序，它便严守向前走20米的命令。如果它站在一条不足20米的走廊上，即使撞了墙，它也会拼命向前走，决不会"想"到提前拐弯或停下来。只有在人们给它装上感知撞墙的传感器，并编好程序告诉它：在接到传感器撞到墙上的报告后立即拐弯。这时，它才具有撞墙以后拐弯的能力。这是计算机"笨"的一面。

另一方面，由于计算机具有极高的反应速度，同时又有足够大的内存容量，还有更大的外存作为补充，它可以记忆大量信息，又能在需要时快速反应。当人们给它装备上各种专家系统程序包时，它便成了这些方面的专家。每一种专家系统都是许多人智慧的结晶，系统里包括许多历史的经验和数据。当系统运行时，计算机迅速做出判断。它的记忆能力是人所不及的。记忆力再好的人也有记错和遗忘的时候，而计算机绝对准确无误。当这个专家系统是对抗系统时（比如下棋、打桥牌等），由于系统集多人的智慧而成，所以一个人往往不是它的对手。从这一点上说，计算机比人要"聪明"。况且它还可以装备不止一种专家系统；而一个人的精力有限，不可能样样都精通。因此，计算机又显得比人有"学问"。但这里所说的人，都是指某一特定的个人。归根到底，计算机的一切程序都是人编制的，因此它的一切聪明和学问都是人赋予的，是人类总结了自身的经验让计算机记住，并把自己的思维方式和思想方法教给计算机，让它也这样来思考。所以，计算机的"智力"永远不会超过人类的智力。人类所具有的思维方式，它也不会有。

计算机犯罪

目前，计算机广泛地应用于社会的各个领域：政治、军事、经济、文化，等等，给我们带来了巨大的效益，推动科学技术迅速发展。但是计算机系统中存储有大量的经济、军事、政治等方面的信息，一旦计算机系统的安全出了问题，将会造成极大的损失，甚至危害到国家的安全。

计算机应用的迅速发展，要求计算机信息系统具备综合性的安全控制功能。由于各种条件和技术方面的限制，我们对计算机的应用还没有一个安全完善的使用环境。还会不时地发生人为破坏、违反操作规程、计算机病毒侵入、计算机犯罪等各种危害。据报道，美国的计算机犯罪率以每年400％的速度增长，其危害最大，也是最难控制的。

计算机犯罪分为人为破坏计算机系统和贪污诈骗活动。持有对立政治立场的或对现行制度仇恨的人，他们会以种种办法去破坏计算机系统，破坏或修改正确的数据。也有的人为了满足自己的某种欲望，有意破坏信息系统。例如1985年，就在我国某考区发生了一名录入人员删改考生成绩单，破坏高考招生的犯罪案件。还有人经不起金钱的巨大诱惑，采用数据欺诈的方式，在系统毫无察觉的情况下，获得可观的经济收入。1987年发生在深圳银行的盗窃案就是其中的一例：一名管理人员使用计算机窃取资料，伪造存折，从银行提取2万元人民币和3万元港币。

对计算机犯罪的预防已成为各国研究的中心课题。人们不断地加强立法保证和采取一系列技术手段来加强计算机的使用安全。

计算机动画制作

大家知道，电影片是摄影机以每秒24幅画面的速度把活动景物拍摄在电影胶片上的。这样放映出来，人眼看到的是连续的活动景物。传统动画片的每幅画面，都是由美术工作者人工绘制成的。放映一分钟的动画片就需要有1440幅画面，因此，需要大量的人力和时间来制作动画片。

由电子计算机和图形输入输出设备所组成的计算机动画

片制作系统，能缩短动画片的制作周期。它的工作原理是：首先，生成制作动画片所需要的数据，即可以直接利用系统完成绘画工作，也可以把人工绘制的画面数字化后输入计算机。其次，让输入计算机的画面按规定的动作以每秒24幅生成动画片。比如，我们把小兔的图像数据输入至计算机中，计算机就能按规定的要求。自动生成小兔在赛跑的连续画面。由于计算机工作的速度非常快，所以我们就能在很短的时间内完成一部动画片的制作。

计算机病毒

1989年上半年，报刊首次报道了国内发现计算机病毒的消息。时间不长，病毒席卷全国各地，对计算机系统造成了巨大的危害，引起了有关部门的重视。人们会问："计算机为什么也会感染上病毒？"

计算机病毒是借用了生物病毒的概念。它是一组计算机程序，能够通过某种途径侵入计算机存储介质里，并在某种条件下开始对计算机资源进行破坏。同时，它本身还能进行自我复制，具有极强的感染性。

目前随着计算机的普及，能够透彻了解它内部结构的人日益增多，计算机存在的缺陷和易攻击处会受到致命的攻击。一些计算机使用人员会因恶作剧或寻开心而造出病毒；一些软件公司为了保护自己的软件不被非法复制采取了报复性的惩罚措施；一些人员为了某种目的，制造了摧毁计算机系统的病毒，这种病毒针对性强、破坏性大。目前已发现的病毒有 150 种。国内出现最多的小球病毒属于良性的，它不破坏系统和数据，只是大量占用系统空间，使机器无法正常工作而瘫痪；另一种大麻病毒则是恶性的，它破坏系统文件，造成用户数据丢失。计算机病毒最普遍的传染途径是通过软盘或 U 盘传染，通过计算机网络也极易传染。

为了防止病毒的侵入，首先应立足于预防，完善规章制度，堵塞传染渠道。在病毒传入后，应综合分析症状，尽早发现，把损失减少到最低限度，并可用相应的杀毒软件清除病毒。

电脑设计师

随着电子计算机功能的不断提高，许多大工厂开始使用计算机进行图纸设计。这就结束了传统设计人员趴在桌子上人工绘图的历史。用电脑代替人手，设计起来事半功倍。

为什么电子计算机设计优于人工设计呢？

设计离不开计算，由于计算烦琐使设计时间拖得很长，且人工计算有时得不到精确数据，工程质量难以保障。而使用电子计算机进行设计，可以提高计算速度和精确度，能对一种产品的多种方案进行分析比较，选择出最优方案，使设计质量有很大程度的提高。

计算机设计工程还有一个优点，它可以及时发现存在的隐患。例如，有一个大型水坝，坝体有裂缝，这是非常危险的。是什么原因造成的呢？工程人员用电子计算机进行分析，不但能找出造成裂缝的原因，还能发现这个水坝有第二道裂缝。

电子计算机的发展，使得用计算机设计愈来愈方便。如建筑设计人员先把各种资料储存在计算机内，在具体设计时，设计人员只需将草图用光笔输入计算机里，计算机快速分析计算，然后将计算结果、设计图形在荧光屏上显示出来。设计人员可以直接从屏幕上看到自己设计的楼房，设计人员不仅可以向使用方显示楼房外部结构，还可以让楼房旋转，全方位地观察楼房。使用方有什么不清楚的地方，设计人员用光笔当场修改，并自动绘出更标准图纸，让使用方满意。

时下时装设计也使用计算机了。当服装的外形、各部分的形状在计算机屏幕上显示出来以后，服装设计师用光笔在屏幕上可任意修改。服装的颜色可以任意搭配，几何图案可以任意修改和移动，一切都满意后，一套精美的时装设计图便由电子计算机自动绘出。

电脑设计技术是工程师和设计师飞翔在理想境界的一双奇妙的翅膀！

计算机干活

计算机会干活，会干各种各样的活。正是基于这一点，我们才逐渐实现了并且正在继续实现着各个行业、各个领域的自动化。我们通常所说的自动化，其实就是在特定的场合用计算机代替人，让它去控制、操作本应由人来操作的机械设备，等等。让我们来看看计算机是怎么干活的。

实际上，计算机本身只会按程序教给它的去"思考"，去"发号施令"，并不会干活。它对机器设备的控制和操作，是通过给它配备的辅助设备来完成的。让我们举一个简单的例子来说明这个问题。比如说，水泥生产的自动化，即是用计算机来控制水泥的加工过程，让它确定什么时间应该加料，加什么料，加多少，烧结窑里的温度应该多高，等等。这时候，就要给计算机配上一些"助手"，来帮助它完成任务。我们把这些助手叫作辅助设备。比方说，配上一个分析仪器，由它定时检测水泥的酸碱度、强度等分析指标，然后把结果通过与计算机之间的接口报告给计算机。计算机内运行着的专用程序接到报告后立即进行分析，看诸项指标是否合格，如不合格，便立即调整进料的配比。这种调整是计算机通过对它的另一个辅助设备——电子皮带秤发号施令来实现的。用计算机输出的脉冲信号去驱动控制接口电路，以此来调整皮带秤进料口大小，达到控制进料多少的目的。

除此之外，还需在烧结窑内装一些温度传感器，用它们来随时监测窑内温度。它们把测得的信号及时传回计算机，计算机便不断地计算、分析窑内温度是否合适。如果发现温度过高或过低，计算机便返回一些控制信号给影响窑温的设备，以调整窑温到合适的温度。人们正是通过类似的这样一些设备和手段，实现计算机对生产过程的控制。

一般来说，我们把前边所说的温度传感器和分析仪器这样的负责信息采集的设备，叫作一次仪表，它们负责把采来的物理信号变成电压模拟信号。然后通过二次仪表（一般是一个模数转换器）把模拟信号转换成数值信号送给计算机，计算机处理完后再通过数模转换器把"命令"转换成模拟量，或者输出一个开关量去控制相应的辅助设备，比如步进电机、继电器，等等，以此来控制直接作用于生产过程的设备的动作。一般来说，凡是可以用传感器稳定可靠地采集数据的那样一些过程，都可以用计算机柄上相应的辅助设备，它就可以干活。关键在于辅助设备，而计算机的处理能力是不成问题的。

多媒体终端

多媒体终端是眼下一个比较时髦的话题，那么，具体什么是多媒体终端呢？

多媒体终端指跑在"信息高速公路"上的"车"。把图像、声音、文字、数据、活动影像等多种媒体中的至少两种媒体进行储存和显示，并能进行加工处理和联网传输综合在一起，集电话机、电视机、计算机、传真机等为一体的新的通信终端。它不是依靠单一的媒体传递信息，它能通过多种媒体及先进的通信网的配合，实现媒体的远距离传输。多媒体终端可以显示、存储、处理两种以上媒体，其显示的声音、图像、文字步调一致，作为完整统一的信息出现在用户面前。可以说是"十八般武艺，样样精通"！它还具有声像图书馆的功能，有一种称为"百科全书"的多媒体产品，包括 21000 篇文章和插图，伴有动画、诗人的朗读和 46 种语言的实例！内容十分精彩！

如果让多媒体终端这样的"车"跑在"信息高速公路"上，人们将会用它随心所欲地获得最新信息，使远距离个人通信和人机通信达到一个新境界。通过一次呼叫能完成包括数据、电视节目、图像、文字的传输，多媒体飞速地将信息传向四面八方，实现其高速传递、共享和增值。还可以收发多媒体电子邮件、学习多媒体课程、召开多媒体电视会议，最终实现个人通信全球通。

当然，要让多媒体终端的"车"跑在"信息高速公路上"不是轻而易举的事，还有许多技术难题。目前，一些国家正致力于多媒体终端和多媒体通信技术的研究。

到 21 世纪，多媒体终端将走入普通家庭，使人类通信面貌发生革命性变化的多媒体通信技术，将成为计算机和通信发展史上新的里程碑！

电脑制作影视特技

电脑制作影视特技是电影制作技术与计算机的结合。有人形象地比喻：电脑制作影视特技是好莱坞＋硅谷。实际上，它是电脑绘画技术在电影特技动作上的广泛应用。

为什么电脑可以创造影视特技和营造各种场景呢？这要归功于多媒体计算机的问世和电影特技制作软件，二者缺一不可。影视特技包括图像和声音两类。电脑音频视频编辑软件系统 Adobe Premiere 具有剪辑、插入、画中画、水平移动、重复图像、多音轨混声、声音加回音等几十种功能，利用这些功能，能够创造出淡出淡入、飞入飞出、翻转、伸缩、滤波变形等特技效果。而电影特技制作软件 ALIAS 具有造型功能、数字光学功能、模拟骨骼与皮肤功能、人物性格塑造功能以及纹理库。在电影特技制作软件的支持下，使用多种灵活的造型工具，可以生成任意复杂的形状；可用光线直接生成雷、电、雨、雪、雾等自然景观；可通过调整骨骼运动来塑造人物并控制人体或动物的运动；也可塑造人物性格及表情；还可利用复制技术生成气势宏大的千军万马。

下面以"硅图像"公司利用图像计算机为好莱坞制作《侏罗纪公园》为例，介绍用电脑制作栩栩如生的恐龙的情况。

"硅图像"公司用来设计《侏罗纪公园》中恐龙和其他动物图像的计算机装有特殊的芯片和软件程序，使计算机产生的图像具有高清晰度和立体感，再以每秒 30 次的速度更新图像，从而产生动作。首先，计算机画出电影画面草图，在草图中画出恐龙的三维图像，标出每块骨骼的位置，在骨骼上增加肌肉，这样就在计算机屏幕上制作出了一头巨大的恐龙。其次，使用图像处理技术将恐龙图像加工制作成生动有趣的恐龙，又通过复制技术制作各式各样的恐龙，于是在一张画面上就出现了十几头恐龙。再调整恐龙骨骼运动，使恐龙"活"起来。最后，把恐龙的动作按每秒 24 幅连续变化的静止画面制作成电影底片，这样就可以在银幕上表现恐龙快速奔跑、凶狠捕食的场景。

影片《侏罗纪公园》中出现了一只长颈恐龙吃树梢叶子

的画面。这是拍摄时先用起重机的长臂使树梢摆动起来，然后用电脑技术将起重机从画面中抹去，再用恐龙来代替。

利用电脑制作影视特技，为影视制作提供了全新手段，使人们在电影、电视中看到了在现实中无法看到的壮观景象和奇特表演。

电子商务

对电子商务的概念，目前还没有一个完整统一的定义。随着国际电子信息技术的发展，特别是国际互联网的普及，全球商务活动日益受到新兴电子信息技术的影响，电子商务也日益成为商业界的一个热门话题。在国外，电子商务已从人们理解的电子购物，发展到国际互联网技术推动的商业和市场交易过程的电子化。在国际商务的实践中，通常人们对电子商务是从广义和狭义两个方面理解的。

1. 狭义的电子商务

狭义的电子商务即指互联网上在线销售式的电子商务。从这个意义上讲，电子商务意味着通过互联网络所从事的在线产品和商务的交易活动。交易内容可以是有形的产品和商务，如汽车、书籍、日用消费品、在线医疗咨询、远程教学等；也可以是一些无形产品，如新闻、音像产品、数据库、软件及其他类型的知识产品。

2. 广义的电子商务

广义的电子商务即以整个市场为基础的电子商务。这里电子商务泛指一切与数字化处理有关的商务活动，因此，它不仅仅只是通过网络进行的商品买卖或商务活动，还涉及传统市场的方方面面。除了在网络上寻求消费者，企业还通过计算机网络与供应商、财会人员、结算服务机构、政府机构建立业务联系，还包括企业内部商务活动，如生产、管理、财务等以及企业间的商务活动。它不仅仅是硬件和软件的结合，更是把买家、卖家、厂家和合作伙伴在国际互联网、企业内部网和企业外部网上利用 Internet 技术与现有系统结合起来。这样，电子商务会使整个商务活动，包括从产品生产、产品促销、交易磋商、合同订立、产品分拨、货款结算、售后服务等产生划时代意义的变化。因此，互联网商务并不是电子商务意义的全部。将内联网与互联网连接，将内部信息处理与外部信息处理一致化，才是真正意义上的电子商务。

总之，所谓电子商务，是指一种以互联网为基础，以交易双方为主体，以银行电子支付和结算为手段，以客户数据为依据的商务活动。

电子货币是一个新生事物，它有一个发展和成熟的过程，它的出现将导致人们对钱的重新认识，而且由于它的科技含量较高，人们不容易理解它也不容易立即接受它，对它的可靠性和安全性持怀疑态度，这成为电子货币流通的障碍。但是，随着通信网络的发展，科学技术水平的不断提高，人们传统观念的转变，以及新货币带来的种种益处，这些障碍会逐渐消失，电子货币最终会成为纸币的终结者。

电子货币又称数字现金，是在银行电子化技术高度发达的基础上出现的一种无形货币，是支票和纸币之外流通的钱。电子货币通过庞大的计算机网络来联系社会中每个经济单位乃至个人的账户，随时记录每笔交易的收付方金额，从而实现资金的划拨。它与信用卡不同，信用卡只不过是一种支付手段，最终还必须通过结算机构予以兑现，而电子货币和其他货币一样，本身就是现金。

现实中的货币用皮夹来存放，用支票来存取，电子货币用智能卡作为电子钱夹来存储，存取都是通过智能卡来实现的。现实中的货币的安全性主要依赖于它的物理特性，电子货币的安全性不依赖于任何物理条件，它的安全性必须从数学上来保证，用密码学技术来保证电子货币的安全性。

根据现实中货币的特点，电子货币应具有如下特点：

①独立性。电子货币的安全性不能依赖于任何物理条件，从而保证电子货币在网络上传输的流动性；

②安全性。能阻止伪造和拷贝货币；

③不可追踪性。用户的秘密性能得到保护，也就是说，用户和他购买对象之间的关系对任何人是不可追踪的；

④可迁移性。货币能迁移给别的用户，它说明能将货币借给别人；

⑤可分性。能把价值为 N 的货币分割成许多子片，每个子片值是任何期望的值并且其值不大于 N，并且这些子片的总价值必须等于 N；

⑥可离线支付或在线支付。电子货币按支付方式可分为离线支付方式和在线支付方式两种。在线支付指每次支付都要有银行的参加，离线支付指在用户的支付过程中无须与银行联系。在线支付主要阻止超额消费，通信代价很高，一般适用于低额支付，不适用于高额支付。

计算机辅助设计与制造

计算机辅助设计与制造（Computer Aided Design/Computer Aided Manufacturing，CAD/CAM）技术是当代工程技术最杰出的成就之一，它运用计算机从事新产品的开发和研制，不但在计算机上完成了以往工程技术界用图纸、实物模型所进行的设计工作，还用计算机参与了过去靠手工操纵机床来完成的制造工作。

在实际的设计过程中，设计师按照产品的设计要求，参照生产设备、加工方法及制造标准等具体条件进行设计。为了使设计趋于优化，设计师的思想需要不断调整，即在不断画草图、绘制流程图、制作试验模型和测试的过程中，设计师的创造性思想逐渐完善。在这个过程里有着大量的重复性工作，让计算机承担这部分工作，便是CAD/CAM技术的开始。

CAD/CAM技术的关键是用数学工具来表示产品的各种属性，在二维的计算机屏幕上自由地描绘出高度真实感的三维产品形象，并且具备方便灵活的人机交互式处理功能。这样，设计师可以对设计的结果迅速做出判断，及时地修改设计，能在短短的十几分钟之内完成手工作业需花费数周时间才能完成的工作，大大缩短了设计和试制周期。1990年10月，美国波音公司开始新型客机B-777的研制，全部设计在计算机上展开，首次实现了"无纸设计"。仅仅用了三年半的时间，在1994年4月9日，第一架B-777客机便飞上了蓝天。

在工程技术领域中，CAD/CAM技术究竟起着怎样的作用呢？以B-777的研制为例。第一，它运用三维设计建立了飞机整机主要结构件和安装系统的数字模型，在计算机屏幕上进行复杂部件的预装配，并对飞机的性能进行了仿真测试，在不制造全尺寸实物样件的情况下排除了80%以上的设计错误。第二，它通过让设计、工艺、测试等不同专业的人员共享产品的数字模型，使他们能够密切合作：既可以同时从飞机总体设计文件中提取相关数据，分别展开工作；又可以将任何设计更改及时反馈回总体设计中去，始终保持整机设计的协调一致。第三，它可以借助信息网络进行制造方面的全球协作：B-777有13万种零件分散在13个国家的近60家工厂中生产，统一的产品数字模型、可共享的数据库保证着这种全球协作顺利进行。第四，它极大地提高了飞机的装配协调精度。由于运用CAD定义的产品尺寸可以精确到小数点后6位，因此在飞机机身对接时，从机头到机尾的63米长度内，准直误差只有0.6毫米。显而易见，引用CAD/CAM技术可以大大减少设计及制造过程中的各种差错，极大地提高设计和制造的效率，产品不但质量优异，进入市场的周期也短，这样便使企业具有了很强的市场竞争实力。

采用CAD/CAM技术，需要对工厂进行综合技术改造，要大规模配置计算机系统及支持CAD/CAM技术的软件，引入成套的数字控制设备，其前期的投资是相当可观的。如波音公司建造的一个复合材料构件制造中心用了1.8亿美元，新建的综合飞机系统实验室耗资3.7亿美元。因此，目前能够全面使用CAD/CAM技术的只有大型企业。然而，由于

CAD/CAM 技术所带来的生产效益是如此巨大，不同程度地引入 CAD/CAM 技术改造生产将是企业发展的必由之路。

计算机集成制造系统

计算机集成制造系统（又称计算机综合生产系统）是当今最先进的生产管理方式，其英文缩写为 CIMS（Computer Integrated Manufacturing Systems）。它是一种利用计算机的软硬件、网络等现代高技术，将企业的经营、管理、计划、产品设计、加工制造、销售及服务等环节与人力、物力、财力等生产要素集成起来的系统。采用 CIMS 的企业由于产品从接受订单开始，到设计、制造、销售等全过程，都由计算机系统统一管理，因而具有这样的特点：既能够发挥自动化的高效率、高质量，又具有充分的灵活性，非常适合于开发和制造技术含量高、结构复杂的产品，从而满足现代生产多品种、中小批量的需要。据调查，采用 CIMS 可以使产品质量提高 200%～500%，生产率提高 40%～70%，设备利用率提高 200%～500%，生产周期缩短 30%～60%，工程设计费用减少 15%～30%，人力费用减少 5%～20%。因此，CIMS 正在成为现代工业革命的核心和各个国家竞相发展的一项具有战略意义的高技术。

CIMS 主要由计算机辅助设计与制造技术（CAD/CAM）、柔性制造系统（IRMS）、管理信息系统（MIS）三部分构成。CAD/CAM 技术利用计算机强有力的数字运算能力和逼真的图形处理能力，辅助进行产品的设计与分析，并且通过处理产品制造中的相关数据、控制材料的流动、控制机器的运行、测试检验产品性能等环节，参与产品的制造过程，提高生产的质量和效率。IRMS利用计算机程序易更改的灵活特性来控制以数控加工中心、机器人和自动搬运车为支柱的生产自动化系统，克服了传统的流水线生产方式不易更新产品的缺点，适于多品种小批量生产。MIS则以"无缺陷、零库存、无待工、低成本"为管理的理想目标，借助计算机及时设计和研制市场适销对路的产品，并对产品的设计、制造（包括材料采购、零件生产、部件组装、整体装配等环节）及销售做出统一规划，进行生产全程的质量管理。将这三者有机地结合在一起便构成了CIMS。

那么，CIMS是怎样工作的呢？在一个全面采用CIMS的汽车工厂里，如果你想定制一种功能特殊、颜色独特的汽车，只需将制作草图输入进行辅助设计的计算机，计算机系统就会自动生成工艺流程和数控程序，并把这些信息通过网络传输到各个生产车间；车间的计算机则会根据所接到的信息指挥自动搬运车从仓库运来用于制造零件的毛坯，安装在柔性生产线上，让一台台不同类型和功能的数控设备在机器人的协助下，依照程序进行加工；很快，大约只需原来生产定制车时间的1/5到1/10，你的汽车便会驶下生产线。

电脑可以理解的语言

  计算机虽然具有很多功能，但使用者需要学会一套命令，还要学会和计算机对话的语言，才能很好地使用它。计算机语言是用来向计算机下达命令的。

最初的计算机语言是机器语言，使用二进制代码，通用性较差，所以后来人们开发了汇编语言。汇编语言用助记符号来表示指令和操作数据地址，阅读和书写起来比机器语言容易得多。但用户仍需了解计算机内部的构成，只有训练有素的专业人员才能使用。由于一般用户只希望用电子计算机解决具体的应用问题，为此，人们又设计了不必考虑机器内部结构的高级语言。这样，只需"命令"计算机做什么，计算机便忠实地按照人的意图完成相应的操作。因此，运用高级语言，用户只要完成了解决问题的逻辑设计，编出程序，就可以上机运算了。高级语言也叫程序设计语言，它必须经过"翻译"，变成机器语言之后才能由计算机执行。翻译前的程序叫源程序。翻译后的程序称为目标程序。翻译的方式分为解释形式和编译形式两种。解释形式对源程序边解释边执行，这种方式占内存较少，但执行速度慢一些，编译形式将源程序全部编译成目的程序后，通过命令来执行整个程序，这种形式占用内存较多，但执行速度要快得多。

常见的高级语言有：

（1）FORTRAN。它适合进行科学计算，是编译型语言，组织程序比较灵活。

（2）BASIC。它是由FORTRAN等高级语言的重要功能设计的人机对话式语言，简单易学，很受初学者欢迎。现在的BASIC语言发展很快，功能已大大增加，应用相当广泛。

（3）COBOL。它是一种为处理商业资料而设计的语言。主要功能是描述数据结构和处理大批量数据。它使用英语词汇和句子较多。

（4）PASCAL。它为一种结构程序语言，是在 ALGOI 语言的基础上发展起来的，作为一种描述算法的工具较为理想。

（5）C 语言。它是目前描述操作系统十分有效的高级设计语言，具有描述力强、灵活、方便等特点。

由此看来，每种语言都有其优点和不同的应用方面，只要精通一种就可以做很多事，而浅尝辄止地学习多种语言却未必有多少用处。

认识浏览器

浏览器是指可以显示网页服务器或者文件系统的 HTML 文件内容，并让用户与这些文件交互的一种软件。网页浏览器主要通过 HTTP 协议与网页服务器交互并获取网页，这些网页由 URL 指定，文件格式通常为 HTML，并由 MIME 在 HTTP 协议中指明。一个网页中可以包括多个文档，每个文档都是分别从服务器获取的。大部分的浏览器本身支持除了 HTML 之外的广泛的格式，例如 JPEG、PNG、GIF 等图像格式，并且能够扩展支持众多的插件（plug-ins）。另外，许多浏览器还支持其他的 URL 类型及其相应的协议，如 FTP、Gopher、HTTPS（HTTP 协议的加密版本）。HTTP 内容类型和 URL 协议规范允许网页设计者在网页中嵌入图像、动画、视频、声音、流媒体等。个人电脑上常见的网页浏览器包括微软的 Internet Explorer、Mozilla 实验室的 Firefox、苹果的 Safari，以及谷歌浏览器、360 安全浏览器、搜狗高速浏览器、傲游浏览器、百度浏览器、腾讯 QQ 浏览器等，浏览器是最经常使用到的客户端程序。

蒂姆·伯纳斯-李（Tim Berners-Lee）是第一个使用超文本来分享资讯的人，他于 1990 年发明了首个网页浏览器 World Wide Web。在 1991 年 3 月，他把这发明介绍给了给他在 CERN 工作的朋友，从那时起，浏览器的发展就和网络的发展联系在了一起。

第一个 Web 浏览器出自 Berners-Lee 之手，这是他为 NeXT 计算机创建的（这个 Web 浏览器原来取名叫 World Wide Web，后来改名为 Nexus），并在 1990 年发布给 CERN 的人员使用。Berners-Lee 和 Jean-Francois Groff 将 WorldWideWeb 移植到 C，并把这个浏览器改名为 libwww。

20 世纪 90 年代初出现了许多浏览器，包括 Nicola Pellow 编写的行模式浏览器（这个浏览器允许任何系统的用户都能访问 Internet，从 Unix 到 Microsoft DOS 都涵盖在内），还有 Samba，这是第一个面向 Macintosh 的浏览器。

当时，网页浏览器被视为能够处理 CERN 庞大电话簿的实用工具。在与用户互动的前提下，网页浏览器根据 gopher 和 telnet 协议，允许所有用户能轻易地浏览别人所编写的网站。可是，其后在浏览器中加插图像的举动，使之成为互联网的"杀手级应用"。

NCSA Mosaic 使互联网得以迅速发展。它最初是一个只在 Unix 运行的图像浏览器；很快便发展到在 Apple Macintosh 和 Microsoft Windows 亦能运行。1993 年 9 月发表了

1.0 版本。NCSA 中 Mosaic 项目的负责人 Marc Andreesen 辞职并建立了网景通讯公司。

网景公司（Netscape）在 1994 年 10 月发布了他们的旗舰产品网景导航者。但第二年 Netscape 的优势就被削弱了。错失了互联网浪潮的微软在这个时候匆促地购入了望远镜（Spyglass）公司的技术，改成 Internet Explorer，掀起了软件巨头微软和网景之间的浏览器大战。这同时加快了万维网发展。

这场战争把网络带到了千百万普通电脑用户面前，但同时显露了互联网商业化如何妨碍统一标准的制定。微软和网景都在他们的产品中加入了许多互不相容的 HTML 扩展代码，试图以这些特点来取胜。1998 年，网景公司承认其市场占有率已无法挽回，这场战争便随之而结束。微软能取胜的其中一个因素是它把浏览器与其操作系统一并出售（OEM，原始设备制造）；这也使它面对反垄断诉讼。

网景公司以开放源代码迎战，创造了 Mozilla，但此举未能挽回 Netscape 的市场占有率。在 1998 年底美国线上收购了网景公司。在发展初期，Mozilla 计划为吸引开发者而挣扎；但至 2002 年，它已发展成一个稳定而强大的互联网套件。Mozilla 1.0 的出现被视为其里程碑。同年，衍生出 Phoenix（后改名 Firebird，最后又改为 Firefox）。Firefox 1.0 于 2004 年发表。及至 2008 年，Mozilla 及其衍生产品约占 20% 网络交通量。

Opera 是一个灵巧的浏览器。它发布于 1996 年，2013 年它在手持电脑上十分流行。它在个人电脑网络浏览器市场上的占有率则较小。

Lynx 浏览器仍然是 Linux 市场上十分流行的浏览器。它是全文字模式的浏览器，视觉上并不讨好。还有一些有着进阶功能的同类型浏览器，例如 Links 和它的分支 ELinks。

　　Konqueror 浏览器是一个由 KDE 开发的浏览器，KDE 开发人员在开发 KDE2 时意识到一个良好的桌面环境必须搭配一个良好的网络浏览器及档案管理员，便投入不少力量开发了 Konqueror，这个浏览器使用了自家开发的排版引擎 KHTML，由于 Konqueror 是属于 KDE 的一员，并只常见于 Unix-like 下的 KDE 桌面环境，所以 Konqueror 并未普及；纵然 Macintosh 的浏览器市场亦同样被 Internet Explorer 和 Firefox 占据，但 2013 年以后有可能会是苹果电脑自行推出的 Safari 浏览器的世界。Safari 是基于 Konqueror 这个开放源代码浏览器的 KHTML 排版引擎而制成的。Safari 是 Mac OS X 的默认浏览器。

　　2003 年，微软宣布不会再推出独立的 Internet Explorer，但会变成视窗平台的一部分；同时也不会再推出任何 Macintosh 版本的 Internet Explorer。不过，于 2005 年初，微软却改变了计划，并宣布将会为 Windows XP、Windows Server 2003 和 Windows Vista 操作系统推出 Internet Explorer 7。

　　2011 年 3 月 15 日，微软推出了 Internet Explorer 9 的正式版，值得一提的是，Internet Explorer 9 不再支持 Windows XP。微软官方表示，IE9 不支持 Windows XP 是因为其硬件加速功能在 Windows XP 系统上无法正常运行。而 windows 7 要求电脑内存至少在 1G 以上。对此，微软大中华区开发工具及平台事业部总经理谢恩伟表示，"建议这部分用户使用 IE8"。

2011年4月11日,Internet Explorer 9才推出1个月,微软又推出了Internet Explorer 10的首个预览版本。Internet Explorer 9不支持XP让不少用户感到愤怒,而如今细心的用户在Internet Explorer 10平台开发版的最终用户许可协议中看到,Internet Explorer 10连Windows Vista系统也不打算支持了。据协议描述,Internet Explorer 10将只支持Windows 7、Windows 8两个版本,不过好在Windows Vista从开始到结束都是一个悲情故事,Internet Explorer 10不支持Windows Vista对于这么点用户数量而言实在是很难引起反弹的。

通 用 网 址

通用网址是基于国家标准的互联网地址资源,是一种类似中文域名的地址解释服务。通用网址是企事业专属的网络品牌标识和专属的通用的展示推广工具,是行销中国必备利器。通用网址日渐成为企业在互联网络上的重要标志,具有商业标识的功能和意义。

通用网址注册,根据国际惯例遵循"先申请先注册"的原则。在此前提下为体现公平原则,优先受理权益所有人的注册申请。

通用网址按照词性划分为四种价格:白金通用词,15800元/年;普通通用词,9800元/年;准通用词,5800元/年;普通通用网址,28000元/10年,普通通用网址注册周期为十年，与商标同步。通用网址注册价格为全国统一收费标准。通用网址产品的注册年限为10年（白金通用词最高注册年限为10年），未来价格将呈上升趋势。

通用网址目前的增值服务包括商家网、可信电子商务联盟、物联网标识服务平台、企业信息二维码的生成及使用、通用网址结果页面、在线客服等增值服务。

通用网址注册成功后，在有效期内（注册期内及到期后的15日内）你随时可以联系注册机构办理续费。通用网址注册成功后，你可以凭注册时提交的管理联系人电话，登录国家网络目录数据库或中国网络知识产权中心自行查询打印。

你可以登录中国互联网络信息中心（CNNIC）或中网（KNET），通过国家网络目录数据库进行查询，申请后还没有通过审核的词汇，会在查询结果页面中显示"审核中"。

为维护国家利益和社会公众利益，保护公民、法人的合法权益，保证正常的注册秩序，中网对部分相关词汇加以限制。根据当前国家网络目录数据库信息规定，注册限制词汇需要提供有效证明材料。

经过认证的通用网址注册机构均可在中网网站进行查询，对于列表中没有出现的机构则不是中网认证的通用网址注册服务机构。若你对通用网址有注册意向，可将你的联系方式提供给中网（KNET）客服人员，中网（KNET）会尽快安排可以为当地用户办理业务的注册机构与你取得联系。

搜索引擎

搜索引擎（Search Engine）是指根据一定的策略、运用特定的计算机程序从互联网上搜集信息，在对信息进行组织和处理后，为用户提供检索服务，将用户检索相关的信息展示给用户的系统。搜索引擎包括全文索引、目录索引、元搜索引擎、垂直搜索引擎、集合式搜索引擎、门户搜索引擎与免费链接列表等。

搜索引擎分类部分提到过全文搜索引擎从网站提取信息建立网页数据库的概念。搜索引擎的自动信息搜集功能分两种。一种是定期搜索，即每隔一段时间（比如 Google 一般是 28 天），搜索引擎主动派出"蜘蛛"程序，对一定 IP 地址范围内的互联网网站进行检索，一旦发现新的网站，它会自动提取网站的信息和网址加入自己的数据库。另一种是提交网站搜索，即网站拥有者主动向搜索引擎提交网址，它在一定时间内（2 天到数月不等）定向向你的网站派出"蜘蛛"程序，扫描你的网站并将有关信息存入数据库，以备用户查询。随着搜索引擎索引规则发生很大变化，主动提交网址并不保证你的网站能进入搜索引擎数据库，最好的办法是多获得一些外部链接，让搜索引擎有更多机会找到你并自动将你的网站收录。

当用户以关键词查找信息时，搜索引擎会在数据库中进行搜寻，如果找到与用户要求内容相符的网站，便采用特殊的算法——通常根据网页中关键词的匹配程度、出现的位置、频次、链接质量——计算出各网页的相关度及排名等级，然后根据关联度高低，按顺序将这些网页链接返回给用户。这种引擎的特点是搜全率比较高。

目录索引也称为分类检索，是因特网上最早提供WWW资源查询的服务，主要通过搜集和整理因特网的资源，根据搜索到网页的内容，将其网址分配到相关分类主题目录的不同层次的类目之下，形成像图书馆目录一样的分类树形结构索引。目录索引无须输入任何文字，只要根据网站提供的主题分类目录，层层点击进入，便可查到所需的网络信息资源。

虽然有搜索功能，但严格意义上不能称为真正的搜索引擎，只是按目录分类的网站链接列表而已。用户完全可以按照分类目录找到所需要的信息，不依靠关键词（Keywords）进行查询。

与全文搜索引擎相比，目录索引有许多不同之处。

首先，搜索引擎属于自动网站检索，而目录索引则完全依赖手工操作。用户提交网站后，目录编辑人员会亲自浏览你的网站，然后根据一套自定的评判标准甚至编辑人员的主观印象，决定是否接纳你的网站。其次，搜索引擎收录网站时，只要网站本身没有违反有关的规则，一般都能登录成功；而目录索引对网站的要求则高得多，有时即使登录多次也不一定成功。尤其像Yahoo这样的超级索引，登录更是困难。

此外，在登录搜索引擎时，一般不用考虑网站的分类问题，而登录目录索引时则必须将网站放在一个最合适的目录

(Directory）上。

最后，搜索引擎中各网站的有关信息都是从用户网页中自动提取的，所以从用户的角度看，我们拥有更多的自主权；而目录索引则要求必须手工另外填写网站信息，而且还有各种各样的限制。更有甚者，如果工作人员认为你提交网站的目录、网站信息不合适，他可以随时对其进行调整，当然事先是不会和你商量的。

搜索引擎与目录索引有相互融合渗透的趋势。一些纯粹的全文搜索引擎也提供目录搜索，如 Google 就借用 Open Directory 目录提供分类查询。而像 Yahoo（雅虎）这些老牌目录索引则通过与 Google 等搜索引擎合作扩大搜索范围（注）。在默认搜索模式下，一些目录类搜索引擎首先返回的是自己目录中匹配的网站，如中国的搜狐、新浪、网易等；而另外一些则默认的是网页搜索，如 Yahoo。这种引擎的特点是搜索的准确率比较高。

元搜索引擎（META Search Engine）接受用户查询请求后，同时在多个搜索引擎上搜索，并将结果返回给用户。著名的元搜索引擎有 Info Space、Dogpile、Vivisimo 等，中文元搜索引擎中具代表性的是搜星搜索引擎。在搜索结果排列方面，有的直接按来源排列搜索结果，如 Dogpile；有的则按自定的规则将结果重新排列组合，如 Vivisimo。

垂直搜索引擎为 2006 年后逐步兴起的一类搜索引擎。不同于通用的网页搜索引擎，垂直搜索专注于特定的搜索领域和搜索需求（例如：机票搜索、旅游搜索、生活搜索、小说搜索、视频搜索、购物搜索等），在其特定的搜索领域有更好的用户体验。相比通用搜索动辄数千台检索服务器，垂直搜索需要的硬件成本低、用户需求特定、查询的方式多样。

集合式搜索引擎：该搜索引擎类似元搜索引擎，区别在于它并非同时调用多个搜索引擎进行搜索，而是由用户从提供的若干搜索引擎中选择，如 HotBot 在 2002 年底推出的搜索引擎。

门户搜索引擎：AOL Search、MSN Search 等虽然提供搜索服务，但自身既没有分类目录也没有网页数据库，其搜索结果完全来自其他搜索引擎。

免费链接列表（Free For All Links，简称 FFA）：一般只简单地滚动链接条目，少部分有简单的分类目录，不过规模要比 Yahoo 等目录索引小很多。

搜索引擎的工作原理是：

第一步：爬行

搜索引擎是通过一种特定规律的软件跟踪网页的链接，从一个链接爬到另外一个链接，像蜘蛛在蜘蛛网上爬行一样，所以被称为"蜘蛛"，也被称为"机器人"。搜索引擎蜘蛛的爬行是被输入了一定的规则的，它需要遵从一些命令或文件的内容。

第二步：抓取存储

搜索引擎是通过蜘蛛跟踪链接爬行到网页，并将爬行的数据存入原始页面数据库。其中的页面数据与用户浏览器得到的 HTML 是完全一样的。搜索引擎蜘蛛在抓取页面时，也做一定的重复内容检测，一旦遇到权重很低的网站上有大量抄袭、采集或者复制的内容，很可能就不再爬行。

第三步：预处理

搜索引擎将蜘蛛抓取回来的页面，进行各种步骤的预处理。

①提取文字；

②中文分词；

③去停止词；

④消除噪音（搜索引擎需要识别并消除这些噪声，比如版权声明文字、导航条、广告等）；

⑤正向索引；

⑥倒排索引；

⑦链接关系计算；

⑧特殊文件处理。

除了 HTML 文件外，搜索引擎通常还能抓取和索引以文字为基础的多种文件类型，如 PDF、Word、WPS、XLS、PPT、TXT 文件等。我们在搜索结果中也经常会看到这些文件类型。但搜索引擎还不能处理图片、视频、Flash 这类非文字内容，也不能执行脚本和程序。

第四步：排名

用户在搜索框输入关键词后，排名程序调用索引库数据，计算排名显示给用户，排名过程与用户是直接互动的。但是，由于搜索引擎的数据量庞大，虽然能达到每日都有小的更新，但是一般情况搜索引擎的排名规则都是根据日、周、月阶段性不同幅度的更新。

搜索引擎是网站建设中针对"用户使用网站的便利性"所提供的必要功能，同时也是"研究网站用户行为的一个有效工具"。高效的站内检索可以让用户快速准确地找到目标信息，从而更有效地促进产品/服务的销售，而且通过对网站访问者搜索行为的深度分析，对于进一步制定更为有效的网络营销策略具有重要价值。

（1）从网络营销的环境看，搜索引擎营销的环境发展为网络营销的推动起到举足轻重的作用。

（2）从效果营销看，很多公司之所以可以应用网络营销是利用了搜索引擎营销。

（3）就完整型电子商务概念组成部分来看，网络营销是其中最重要的组成部分，是向终端客户传递信息的重要环节。

在搜索引擎发展早期，多是作为技术提供商为其他网站提供搜索服务，网站付钱给搜索引擎。后来，随着2001年互联网泡沫的破灭，大多转向为竞价排名方式。

第四章
计算机与信息网络技术

　　计算机网络技术是通信技术与计算机技术相结合的产物。计算机网络是按照网络协议，将地球上分散的、独立的计算机相互连接的集合。连接介质可以是电缆、双绞线、光纤、微波、载波或通信卫星。计算机网络具有共享硬件、软件和数据资源的功能，具有对共享数据资源集中处理及管理和维护的能力。

互 联 网

早在20世纪60年代,美国的计算机不但开始用于生产、科研,而且还用于国防领域,于是产生了"阿帕网"(AR-PA—NET)。后来又分为军用和民用两部分,并使用了"网络协议"(IP)。互联网便是在此基础上建立的,也由此而得名。

互联网为人们提供了全新多样的通信交流手段。如今网络已经进入个人通信、教育、新闻、娱乐与商业等诸多领域。其中电子邮件是目前一种普及的个人通信方式,也是互联网用户使用最多的功能。互联网对于科研、新闻、教育及医疗等领域最大的贡献是实现了资源共享,包括信息资源、计算机的运算能力资源与存储能力资源。正是基于互联网这一突出特点,方使这几个领域网络化最早、最快。据统计,互联网用户的年增长率在15%～20%。

互联网的蓬勃发展,已成为新的商业热点。国际互联网,是未来信息高速公路的雏形及试验场。近年来,互联网的用户数量呈爆炸性增长,联入互联网的计算机不止千万,可见其规模之大。全世界的互联网用户已经突破20亿大关。

互联网是使用公共语言进行通信的全球计算机网络,其含义是国际互联网络。它类似国际电话系统——无人拥有或控制整个系统,而以大型网络的工作方式进行链接。在互联网络上,"WWW"可为用户查看文档提供一个图形化且易进入的界面，这些文档及其之间的链接，组成了信息"网"，"ＷＷＷ"上的文件或页面是相连的。通过单击特定的文本或图像链接其他页面，称为超级链接。页面包含有文本、图像、声音及动画等内容。将这些页面置于世界任何地方的计算机上，都可通过互联网在世界范围内访问它。

互联网具有以下特点：

①互联网用户与应用程序，不需了解硬件连接的细节，因此可为用户隐藏网间网的低层节点；

②能通过中间网络收发数据与信息；

③网中所有计算机，可共享一个全局的标识符，即名字或地址集合；

④不必指定网络互连的拓扑结构，特别是在增加新网时，不要求全互连，亦不要求严格星形连接；

⑤用户界面独立于网络，就是说建立通信与传送数据的一系列操作，与低层网络技术及信宿机是无关的。

总之，互联网在逻辑上是统一的、独立的，在物理上则由不同的网络互连而成。所以它的用户不关心网络的连接，而只关心网络所提供的丰富资源。

现代通信网络

现代通信网络是人类社会的神经系统。

在信息时代，我们的社会生活的范围扩大、节奏加快，现代通信网络技术已经成为社会交往中须臾不可缺的手段。

各种通信手段，如信件、电话、传真等，把人们紧密地联结在一起。

现代通信网络大体由终端设备、传输设备和交换设备组成。通信终端设备包括电话机、传真机、用户电报机（电传机）、数据终端和图像终端等。传输设备的功能是把信号从一个地方传送到另一个地方。电缆、海底电缆及光缆等是有线传输设备，而微波收发机及通信卫星是无线通信的传输设备。交换设备是实现用户终端设备中信号交换、接续的装置，例如电话交换机、电报交换机等。

现代通信网络中有各种分类方式。如果按交换方式分，有电路交换网、电文交换网、分组交换网等；如果按信号形式分，则有模拟通信网和数字通信网。

数字通信网比模拟通信网具有更大的优越性。采用数字信号，一条电话线路在同一时间内传送的话路比用模拟信号传送的要多，而且所受到的干扰少。数字网可节省设备费用，提高传输性能。在数字网中由于各种通信业务都用数字信号来传递，因此，可以使用相同的设备与技术，通过同一通信网传送，从而能方便地扩大业务种类以及开办综合性业务。

现代通信网络所用的主要设备之一是程控交换机。它的任务是对电话系统的运行进行控制。从电话接通到通话结束，都离不开电话线路的交换与接续的设备——交换机。从20世纪60年代开始，电子交换机便迅速发展起来。1965年，世界上第一部用电子计算机控制的电话交换机问世，它利用预先编制好的程序来控制电话的交换接续。这种控制方式称为"存储程序控制"，简称程控。用程控交换机接续的电话机，称为"程控自动电话"，即常说的程控电话。

程控交换机的突出优点是，为了改变交换系统的操作，不需要改动交换设备，只要改变程序的指令就可以了，从而不仅使交换系统具有更大的灵活性、适应性和开放性，而且便于开发新的通信业务，能灵活方便地为用户提供多种服务功能。程控电话具有的各种特殊功能都是由程控交换机提供的。程控交换机既可用于电话，也可用于传真等非话通信业务。

常用的数字程控交换机有专用自动小交换机和用户交换机。

专用自动小交换机具有与计算机联网通信的功能，可以与计算机连接进行数据通信。用户能利用一般的计算机对外置数据库作大量的存取，开展电话号码查询、电话计费等服务。用户交换机是供机关、厂矿、学校等单位内部电话接续用的一种交换机，它又称为"小交换机"，即通常所说的"总机"，而它的用户话机通常称为分机。

全自动用户交换机是一种以微处理器为核心的交换系统。利用它，分机与市话网用户通话及分机相互呼叫等全部都是自动接续的，而且还能进行多种复杂的话务管理。近年在国内流行的"电脑话务员"，就是用户交换机的一种新颖附加装置，可代替人工话务员转接内线分机的劳动。

信息社会需要不断革新通信技术。现代通信网络技术的发展趋势是实现数字化、宽带化、综合化、智能化。目前许多国家在发展综合业务数字网的基础上，正朝宽带综合业务数字网、智能化和个人化信息网迈进。

远程通信的传输速率

在通信中，传输速率是最重要的通信参数，因为它反映了通信速率的快慢。传统的通信是用波特率（baud）来衡量速度，波特率的定义是每秒信号变化的次数。但在数据通信中，常直接使用每秒比特数（bps，bit per second）或称位率来衡量传输速率，而不是使用波特率。波特率不一定等于位率。这是因为，采取一定的编码或调整技术之后，信号变化一次往往不止传送一个bit，而可能是2个甚至4个bit，即每波传送2位或4位，因此波特率与bps是不等的。例如，利用电话线路按v.22bis规程传送数据时，位率可达2400bps，而波特率仅为600波特。

从每秒传送字符数（cps），可以直接估计传送一个文件所需的时间。由于一个字符占用一个字节（7位ASCII码，1位奇偶位），而在异步通信中传送一个字节（8位）需使用10位（因增加起始位和停止位），所以每秒字符数约为bps数的十分之一。例如，2400bps传送字符为每秒240个（240cps），如用于传送汉字，由于1个汉字内码占2个字节，所以每秒只传120个汉字。2400bps÷10bit/字符＝2400bit/秒÷10bit/字符÷2字符/汉字＝120汉字/秒。由于二进制数的某些特殊规律，使其可以进行数据压缩，以减少数据量，在到达对方之后再完全还原。现在的一些通信设备也具备了压缩功能，能将数据压缩至二分之一，甚至四分之一。从送入通信设备的数据量看，传输速率提高了 2 倍或 4 倍，但在传播介质上的传播速率实际上并没有变化。

以上的压缩能无失真地完全恢复。而数字化的语音信号和图像信号，如允许有一些失真，压缩倍数还可以大大增加，语音可达 20 倍以上，图像可达 100 倍；但是还原后，"可懂度"还可以，"自然度"稍差。

公用分组数据交换网

公用分组数据交换网是实现不同类型计算机之间、计算机与终端之间、终端与终端之间传送数据的新设施，也是数据通信网的发展方向。分组交换网采用流量控制方法传送数据，可以利用现有线路资源，具有很高的可靠性，是目前世界大多数国家采取的方式。

分组交换方式是首先将来自终端的电文暂存在交换机内，然后划分规定长度的块（即分组），并附加上接收地址，在网内高速传输，最后传递到对方终端。其特点是：传输线路利用率极高，通信费用低（按信息量比例计费，与传输距离和通信时间关系不大），传输质量和可靠性高，具有不同种类终端间通信、分组多路通信等多样化的业务功能。

我国建成的第一个公用分组交换数据网（CNPAC）已开通使用。数据网在北京、上海、广州 3 个城市建主节点交换机（PSX）；在天津、沈阳、西安、成都、武汉、南京、深圳和邮电部数据研究所（北京）等 8 个城市建远程集中器。网络管理中心和国际出入口局均设在北京。目前，该网只允许用户电报和公用电话网内的用户呼叫分组网上的用户，分组网上的用户呼叫公众电话网、电报网的用户还有待开发。享用国际有关数据库资源可通过北京出入口局与国际分组交换网互通实现。由于我国初建的分组交换网节点和远程集中器的数量少，许多地方的数据终端还不能直接接到分组交换网上，必须经过公用电话网与分组交换网进行联网，达到共享分组交换网上计算机的资源。为此，江苏等省正在利用现有公用电话网电路，组建与 CNPAC 相连的省内分组交换网，以扩大数据通信的覆盖面。

光 纤 通 信

在光纤通信以前，人们已经利用无线电波传递信息，而且直到现在它仍旧是重要的信息载体。

那么，什么是光纤通信呢？

简单地说，光纤通信就是光波通过光缆传输信息。但是，这种光不是普通的光，而是激光。普通光方向性差，无法听清声音。

1960 年，美国物理学家梅曼发明了一种用红宝石为受激物体的激光器，产生了一种具有单一频率、方向高度集中的光——激光。这使光通信成为可能。但是，激光在大气层中传播，会受到雨、雪、雾和灰尘的侵袭，甚至连窗帘那么薄的东西也能使光束受阻，使光能量减弱。

那么，怎样能使光束不受阻呢？

一位希腊的玻璃工人发现，光不仅可以从玻璃棒的一端迅速地传到另一端，而且不会向棒外散射，即使玻璃棒是弯曲的，光束也能随着弯曲的线路前进。原来，这是因为光射到玻璃界面时，发生了全反射的原因。

科学家根据这一发现，把玻璃拉成很长的玻璃细丝——光纤，作为光的"导线"。经过试验，不管玻璃丝怎样弯曲，只要入射角度合适，激光就会在玻璃丝内来回反射，沿着导线传到很远的地方。这种玻璃丝就叫作光导纤维。

光导纤维能够将声音、文字和图像的电信号变成相应强弱变化的光信号，传到很远的地方。如果你在摄像机下对着电话机的送话器讲话，声音和图像就会变成电流，经过电信发送设备，变成一串串由"0"和"1"组成的数字信号。光端机通过光纤射出的一串串明暗不同的光信号，传到对方的光端机上，由接收机恢复成声音或图像信号，这样就听到了声音、看到了图像。

令人惊奇的是，光纤通信不但速度快，而且容量也大得惊人。在一根比头发丝还细的光纤上，就可以同时传输几万个电话或者几千套电视节目。

如果把几十根或几百根光纤组在一起，就成为光缆。它的外径比电缆要小得多，但是，容量却上千倍地增加。

不仅如此，光缆特别廉价，因为它的原料就是石英，就是我们说的一种砂子，比使用铜铝线要廉价得多。这种光纤还具有重量轻、柔软性好、不会腐烂等特点，特别是通信保密性好，抗干扰能力强。

1993年10月，我国开通了世界上最长的光纤通信线路。

我国的光纤通信网络以北京为中心，联络各个省的省会和其他大城市。可见，我国的光纤通信已走在世界前列。

无疑的，光纤通信使信息走上了高速公路，大大加快了人类文明发展的进程。

网上银行

从 20 世纪 60 年代的电子数据处理系统，到 20 世纪 80 年代的联机服务，再到 20 世纪 90 年代的在线服务，银行一直走在信息领域商业应用的前列。银行是支持电子商务正常运作的中枢。

在当今世界上，无论是发达国家还是发展中国家，无论是先进地区还是落后地区，银行都是最大和最先进的计算机用户。今天，银行业又面临着一场新的革命。

对银行客户而言，塞车、排队、赶时间，到银行办事颇为麻烦；对银行而言，投资大、员工多、组织复杂、管理费用庞大，其压力越来越大；就飞速发展的信息社会而言，网上购物、消费等活动，必然面临网上支付等问题。

因此，银行必须跟上时代潮流，适应各种不同服务类型的需求，尤其是在线服务的需求。

1995 年 10 月，美国的花旗银行率先在互联网上设立网站，带动了全球银行的网络热潮，虚拟银行的雏形隐约浮现。花旗银行作为银行界的巨人，它拥有 2000 亿美元财产，几万名员工和无数客户，是一般小银行难以企及的高山。然而，有了互联网之后，情况就大不一样了。

花旗银行的地位来自它那遍布全球的分行。一般来说，银行开设一个分行，需一两个亿美元的资金。

但是在网上想开一家银行，只需要几台先进的个人电脑或工作站，一些通信器材及大量软件就可以了。从理论上说，每一个互联网站都是其分站。利用互联网转瞬之间便可把分行开遍全世界，甚至可以开到月球乃至"和平号"空间站上。

花旗银行的地位也来自它那些高耸入云的摩天大楼和职责分明的官僚机构。在这个巨人内部，有柜台职员、贷款经纪、地区督导、地产经理人、监定员、抵押贷款审议会和形形色色的副总裁。而网络银行不要高楼大厦、不要营业厅，一个网址、一个首页画面、三五十人即可运作。银行的机构已被虚拟化了。

花旗银行凭着其网上站点的开通，巩固了它的巨人地位。几乎与此同时，全球第一家网络银行——美国安全第一银行（简称SFNB）正式宣布成立，这标志着银行金融业全新时代的到来。SFNB的站点地址是http：//www.sfnb.com，你只要在你的计算机上键入该地址，屏幕上就显示出传统银行营业大厅的画面，画面上设有"账号设置"、"客户服务"、"个人财务"、"信息查询"和"行长"等窗口，你轻点一下鼠标，即可获取所需服务。

众所周知，传统的银行业务主要通过其分支机构、营业网点来扩展力量，银行必须在各地安置储蓄网点，每个网点需配备一定数量的员工，客户必须通过柜台来完成储蓄、会计和信用卡等相关业务。而网络银行则截然不同，它令你足不出户即可办理定期存款、协议、转账、付账等业务，而且它全天候开放。

安全第一网络银行在极短的时间内便赢得了大量客户，业务遍及全美 50 个州，而它的职员只有 10 人。它的出现，引起了国际媒体的高度重视。人们普遍认为，使用互联网已是年轻人的一种生活方式，银行若要抓住新一代客户，终究得把服务搬上网络。甚至有人谆谆告诫银行业界：电脑越来越普及，资金电子化需求必定高涨，传统银行的作业模式必将淘汰。事实上，国际上许多商业银行纷纷为客户提供网络服务，网上银行始点的数量迅速增长。以亚洲为主的若干家金融机构已经与 IBM 一道，共同致力于建立电子商务和银行服务系统，并对其实施标准化。这个称为交互式金融服务的联盟组织使用 IBM 的全球性网络，作为向企业和个人消费者提供电子服务的平台。该联盟由 Visa 公司、澳大利亚的圣乔治银行、加拿大皇家银行、澳大利亚西部银行、印度尼西亚 Infomas 集团公司和韩国 Kookmin 银行等组成，其目标是建立一个用于开发兼容性服务的开放型平台。客户将能使用该平台访问各种银行服务，如余额查询、资金转账和电子账单付款等。

随着网络银行在世界各地的兴起我国台湾省银行动作频频，包括玉山银行、中信银行、富邦银行、台新银行、第一银行等 20 余家银行陆续上网；我国香港地区也有数家银行相继推出互联网服务业务；中国内地银行也开始了在线服务。

我国已经开设网上银行的有几十家。我国银行业早在 20 世纪 80 年代就大规模引进了计算机系统，几乎所有的城市银行和储蓄所都已经使用计算机处理业务。目前，我国金融银行的存款、贷款、代理、结算、ATM、POS、信用卡、同城清算、异地清算等业务基本上实现了计算机化。中国银行、交通银行计算机化达到100%，建设银行达90%，工商银行达85%，农业银行达80%。同传统的金融管理方式相比，已能初步把金库建在计算机里，把钞票存在数据库里，资金流动在计算机网络里。

值得一提的是，我国的银行卡工程发展良好。银行卡网络的开通，牡丹卡、太平洋卡、金穗卡、龙卡、长城卡等银行卡的入网，标志着我国电子金融化向更高层次迈进。

1999年底，招商银行武汉分行在国内银行业首家推出网上企业银行。用户借助互联网，只需点击鼠标便可完成诸如账目查询、资金划拨等一系列过去需要"跑银行"才能完成的业务。

网上企业银行的出现，使企业足不出户就可享受到银行每天24小时不间断的多项金融服务，及时灵活地进行账目查询、投资理财、核对账户余额、掌握当天及历史的交易、轻松办理大批量的支付和工资发放业务等。业内人士认为，网上企业银行彻底突破了时间和地域限制，为企业的财务管理和自主理财提供了极大便利，相当于把银行搬到了企业的办公室。为了保护客户资金安全，招商银行曾进行了为期超过一年的小范围试验，终于成功地实现了网上信用证书功能，较好地解决了企业间电子商务活动中的支付难题。目前，招商银行武汉分行网上客户已有20多家，交易额达到400余万元人民币。

中国银行的在线银行，提供长城卡服务、企业集团服务、信用卡代交费等业务。享受信用卡服务的用户，可以查询自己长城卡账户中的余额和交易情况，并对银行指定的商户交费。公司用户通过企业集团服务，查询本公司和集团子公司账户的余额、汇款、交易信息。信用卡代交费服务的主要服务对象是中国银行长城卡的持有人，并须定期交纳各种社会服务项目的费用。中国银行从1996年年底开始与北京的两家ISP进行网上交易的合作。1998年3月，国内第一笔网上电子交易成功。

招商银行目前的主要服务项目有：服务网点查询，可以上网查询招行网点情况；家庭银行，用户开立普通账户一卡通账户，可享受查询账户余额、查询当天交易、查询历史交易、查询一卡通账户信息及密码修改等服务；实时证券行情查询，招行在线银行发布实时证券行情，包括上交所股票、债券和基金，深交所股票、债券和基金；利率、汇率查询，用户可以查阅当天银行的不同币种、不同存期的储蓄利率，查询当时外汇汇率。

建设银行为推广龙卡业务，与北京在线合作建设了建行龙卡网站。其主要内容包括龙卡的申领和使用方法、网点分布以及特约商店等，还有每日更新的汇率、利率查询。

网上银行、网络银行即虚拟银行，是利用数字化的虚拟现实技术在网上开设的银行。虚拟银行在形式上是虚的，内容上是实的，功能上则超过了传统银行。

网上银行能给参与网上商务的各方，包括银行、用户和商户带来很多好处。对银行来说，网上银行在减小固定网点数量、降低经营成本的同时，却赢得了数以百万计的客户。网上银行的客户端由标准PC、浏览器组成，便于维护。网上电子邮件通信方式灵活、方便、快捷，便于用户与银行之间、银行内部之间的相互沟通。对于用户来说，可以不受时间和空间的限制，享受每周七天、每天 24 小时的不间断服务。你在世界上的任何地方，都可以访问提供在线服务的银行。

网上银行突出的特点是交易手段虚拟化。虚拟银行实现了交易无纸化、业务无纸化和办公无纸化。所有传统银行使用的票据和单据全面电子化，例如电子支票、电子汇票和电子收据等。在这里，不再使用纸币，而改变为电子货币，即虚拟货币，如电子钱包、电子信用卡、电子现金和安全零钱等。一切的银行业务文件和办公文件完全改为电子化文件、电子化票据和单据，签名也采用数字化签名。银行与客户相互之间纸面票据和各种书面文件的传送，不再以邮寄的方式进行，而是利用计算机和数据通信网传送，利用电子数据交换（EDI）进行往来结算。将大批的资金传送到全国各地甚至全世界各地，仅仅需要几秒钟时间，这在以前是根本无法想象的。

目前的网上银行，业务层次虽然不一样，但大致包括以下几种服务：

（1）信息服务。这是目前银行应用互联网的最主要方式。许多国际大银行纷纷在已有的客户信息基础上，建立了自己专用的市场客户信息系统，专门面向特定的客户群推广定制金融产品和服务。互联网上的万维网、电子邮件等多种信息服务形式，成本低，效果好。

（2）中间服务。网上银行提供大量的中间服务，如对各种金融业务交易的查询，包括账户余额查询、市场行情查询、投资顾问咨询等。

（3）全面服务。国际上真正意义上的网上银行，如安全第一网络银行，能为客户提供全面、可靠的银行服务，如开户、资金转账等。在这里，我们来看看网上银行的开户。客户只要在网络屏幕上填一张电子银行开户表，键入自己的姓名、地址、联系电话及开户金额等基本信息，发送给银行，并用打印机打出开户表，签上名字后连同存款发票一并寄给银行即可。几天后，客户就可以收到一张网上银行的银行卡。用户用它可以在各银行的提款机上提款或存款，也可以用来结算水费、电费、煤气费、电话费、房租等，更为方便的是，可以用它来支付网上购物的费用。

互联网求医

在网上利用电子函件求医问药不仅费用低，收效也很好。

通常情况打国际长途电话费用太高，每分钟大约需要 12 美元；用寄信的方式时间太长，而且使用纸张做为记载信息的媒介，往往要用很多纸才能说清楚一些复杂的事情；如果使用网络传递一页信息也只需几厘钱。

非洲的肯尼亚，有一位医科学生患有镰刀型红细胞贫血症，一时难以治愈。后来病情突然恶化，出现肾衰竭，需要做血液透析治疗。这种治疗方案需要使用稀释血液的药物，然而，这对镰刀型红细胞贫血症者可能会有致命的影响，到底怎么办，为他治病的布卡奇博士束手无策。于是这位博士把寻求治疗方案的紧急呼吁，通过无线电信号发送到附近的一个卫星地面站。

几个小时后，地面站把信息发射到卫星生命组织的小型卫星上，这颗卫星每天飞越非洲上空四次。

几个小时又过去了，卫星进入美国波士顿的电子信号搜索范围，布卡奇博士的信件被传送到卫星生命组织的地面站，地面站的工作人员又通过互联网，把信息传播到世界各地。

伦敦圣玛丽医院一位内科医生收到了这个电子函件，而他恰恰有这方面的经验。于是他很快作出答复：采用小剂量的血液稀释剂 Heprin 可以避免生命危险。

卫星生命组织一位工作人员通过电话把这一信息告诉了布卡奇博士，他按照这个方案挽救了这位医科学生。

1995年，北京大学的几位大学生通过国际互联网向全世界医学界发出了一封电子信函，大致意思是：一位女大学生，因患某种怪病而生命垂危，头发已经脱落，急需求诊，并把怪病的情况在信中作了详细描述。

信函发出十几天，他们通过电脑共收到一千多封电子信件，世界各地的专家们各抒己见，最后确认这位同学患的是罕见的铊中毒。根据专家的意见诊治，病情很快好转，新头发也长出来了。

由此可见，网络世界是人们共享信息财富的有效途径。目前全世界已有一百多个国家、几千万用户加入了互联网。从上述事例不难看出，通过互联网求医，会得到世界各地医学专家的救助，真是足不出户，世界名医都来诊治。你看互联网有多神奇？

网 络 姻 缘

互联网真的是无孔不入：它的触角已深入情爱与婚姻领域。当今的网民们，尤其是年轻的网民，经常津津乐道于充满浪漫色彩的网络爱情故事。

实际上，网络世界咫尺天涯。在这个虚拟世界里，人的情感更容易被触动，从而产生虚拟的感情交流。

在现实中，有的人往往由于种种原因而失去了对爱情的憧憬和信任，而在网上这个虚拟空间里，却是制造爱情的浪漫伊甸园。凡上网进聊天室的人，可能谁都不敢说自己从来没有发生过网恋。网恋，是两个相隔遥远的躯体，慢慢拉近了心的距离，从而产生比较纯净的精神爱恋。当然，如果你看过《第一次的亲密接触》或《迷失在网络与现实中的爱情》等网络小说，就一定会理解网络恋情因为植根在这样虚浮和梦幻的土壤上而显得如此脆弱和凄美。网虫遭遇网恋，就像农民之于黄土，是不可避免的。尽管目前有一些网上爱情成功的例子，但大多数人认为，网上爱情只是个虚无缥缈的东西。聊天室中的人们基本上都是化名操作，什么"笨猫"、"哈哈熊"之类，有时连性别都看不出。在这种伪装下人们畅所欲言，他们的"高见"中有可能是真实的感受、情绪的宣泄，当然也有可能是虚假的幻想、甜蜜的谎言。

令人担忧的是，许多年轻人越来越热衷于在网络上玩弄爱情游戏，他们会自觉不自觉地将鼠标指向聊天室，去寻找

"奇遇"。网络上的第三者、网络爱情陷阱等现象屡屡见诸报端，不能不引起人们的警惕。

与聊天室里的"爱情"相比，网上征婚也许更脚踏实地，更易为人们所接受。网上婚姻中介机构，即虚拟婚姻介绍所，在许多国家都有，成为单身者求偶的又一途径。在不分国界的网络上，求偶的范围扩大了。如某电视台"今晚我们相识"俱乐部，在搜狐网站上开设的"今晚我们相识"网页，自1999年4月开通以来，平均日访问量达三万人次，足见单身男女对"网上红娘"这种求偶方式的喜爱。

目前被普遍使用的婚姻介绍网站，大多采用会员制，会员在网站上公布自己的个人档案，包括姓名、身高、体重、是否有婚史以及寻求对象的基本要求等。会员只要点击一下"电脑红娘"栏目中的"会员查询"，坐在家中便可给你中意的朋友发电子邮件了。

1998年年底以来，美国已出现数家网上公司专门提供"网上婚礼"服务，目前越来越多的美国恋人乐意"上网结婚"。

世界上首次举行的"网上婚礼"出现在新加坡。14对新加坡情侣在中秋月圆之夜举行了一场别开生面的婚礼。不是在花园、酒店、教堂或是其他什么人们耳熟能详的地方，他们结合现代科学技术将富有传统色彩的喜庆礼仪搬上了电脑屏幕，进入了网络世界。

这项活动是由新加坡婚姻登记处及国家计算机委员会举办的，旨在促进网络的应用。电脑早已深入新加坡人的生活和各个方面，如订车、相亲、法律诉讼、填写税单等，如今又参与人们的终身大事，去"包办婚礼"。

那么网上婚礼的效果如何呢？还是来听听当事人的意见吧。30岁的新郎胡先生认为，网上婚礼为他提供了一次很好的机会，使自己能向更多的人展示自己对新娘的爱。他说："我希望能与亲戚、朋友，甚至是陌生而好奇的网民一起分享这个特殊的日子。"

他的新娘也认为这是一种令人激动的方式。当得知她将举行网上婚礼后，她在马来西亚的亲戚们当时都早早地守候在与国际互联网络连接的电脑屏幕前，期待着美好时刻的到来。

婚礼尚未正式开始，朋友、亲戚甚至陌生人都已应邀而至。通过电子簿签到，来自世界各地的五彩缤纷的数字贺卡更是如雪片般飞来，捎来了人们对新人的祝福，也将"婚宴"场面装饰得花团锦簇。人们猜测，随着网络的发展，也许不久的将来，新郎新娘还能够收到"电子红包"呢。

此外，结婚仪式上的活动都被录了像，并且通过网络实况转播出去。一时间，人们对这种新潮的婚礼模式赞誉颇多。

生意日益兴隆的"网上婚礼"公司，能够提供四大类的一条龙服务。

第一类为结婚做物质准备。从住房、汽车、家具到服饰、婚宴、蜜月安排。"网上婚礼"公司为新人们想得十分周到，备有2500多种不同风格、式样、档次的物品供他们选择，并代新人做预算。订货、付款一律用信用卡在网上进行。

第二类为结婚做思想准备。他们集纳了许多婚姻问题专家提供的有关婚姻、家庭的论述和许多"过来人"的经历、心得体会、亲友们帮助操办婚礼的经验之谈等。即将结婚的恋人可以在这里广泛汲取前人的智慧和经验，以充实自己。

第三类是为新人的亲友提供沟通和咨询服务。首先，为新人设一个网页，公布订婚照，介绍男女双方的基本情况，婚礼举行的时间、地点等，供亲友查询。其次，双方的父母可以借此通知"网上婚礼"公司，双方各有多少宾客出席婚礼和婚宴。另外，亲友可以在这里浏览、采购送给新人的礼物。

第四类是为新人在网上提供具体的服务。新人必须先在"网上婚礼"公司注册为会员才能享受有关免费服务。他们可以浏览、选择、定做、订购自己需要的产品，要求公司将这些物品准时送到指定地点，并授权"网上婚礼"公司安排蜜月行程及相关服务等。

美国马萨诸塞州福里斯特咨询中心和"木星通信"互联网咨询中心的专家们认为，"上网结婚"省时、省事、省钱，其费用比传统婚礼的平均费用节省将近一半。对"网上婚礼公司"来说，"网上婚礼"是一个前途无量的新兴市场。预计在今后几年里，"网上婚礼公司"将如雨后春笋般涌现。

网 络 学 校

如今，网络学校已经成为互联网中的平常事。国内外不少大、中学校采用网络教学，学员可以通过网络学到自己想学的知识。

那么，网络学校到底是怎样一种学校呢？

网络学校就是利用计算机网络进行教学的一种模式。这种教学模式的特点是，师生可以不在一起，同学与同学也可以不在一起，只要在网络上观看教师教学就可以了。

网络学校具有一般学校所不能比拟的优点。

首先，同学们可以根据自己的能力和意愿自主地学习、讨论和考试。因为教材是精心组织的，学习时还可以有选择。如果你觉得这部分比较好理解，自然可以要求学快一些；反之便可以要求学慢一些。如果你对那一部分特别感兴趣，还可以要求提供附加资料，进一步研究和深造。网络学校还有自动的答疑系统，如果你有疑问可以请求答复，并会立即得到回应。

其次，教材不仅仅是文字和插图，还可以配上优美的声音、有启发性的动画和图像等多媒体信息，甚至可以采取虚拟现实的技术。例如，你学人体解剖，可以在计算机上到血管和消化道里去走一趟，使学习兴趣更浓。

最后，授课的教师都是比较有名望的，甚至在某一领域中有所创新的富有经验的教师。这样的教师往往在一个国家里没有几个，能够与大师们交流，自然会受益匪浅。

从1993年开始，澳大利亚便开始建设各大学网络站，到1997年，通过澳大利亚各大学的网络站，一般用户可以了解学校情况，教师可直接与学生交流、答疑，并批改学生的作业。

在美国，不到十年的时间里便已经有八十多所大学和数百所中学允许通过网络学校获得文凭。

我国海南省某校于1997年把清华大学搬进了自己的课

堂，首批118名学员通过网络读上了清华大学。

山东省青岛市则开通了"全通达的——101远程教育网"，为青岛市的中学生打开了一条通向北京重点中学——101中学的方便之门。学生只要拥有电脑、电话和一台调制解调器，便可以在家中从网络上看到北京重点中学的教学实况。这等于把101中学的教师请到家中做"家教"，对提高学生的学习水平十分有利。

据报道，1997年哈尔滨工业大学等高等学校有几名博士生利用网络选修美国锡拉丘兹大学及其他西方大学的课程，并获得结业证书。

随着信息高速公路的发展和完善，相信网络学校会越来越多，质量也会越办越好，它将是培养人才的一条重要渠道。

网络博览会

信息高速公路上的计算机网络是一个大世界。我们已经知道在网络中可以做许多事情，但是网络博览会恐怕还是很新鲜的事情。

那么，什么是网络博览会呢？

所谓网络博览会，就是所有展品的博览，都是通过网络进行。没有真实的现场展厅，也没有现场观众，而展览却在真实地举行着。

1996年2月8日在世界上首次开幕了网上博览会，它是互联网多元广播公司总经理卡尔·马拉莫德呼吁举办的一个以"地球村"为主题的网络博览会,以便于企业产品展销,了解世界科技发展情况。

博览会设有几个展览厅。"媒体的未来"展厅,展览的是未来媒体的发展情况和风貌;"烤面包机网"展厅,则是什么东西都可以上网,几乎是你想了解什么,都可以通过网络展厅显示出来;"国际科技会议"展厅,任何有关科技会议,都能在网上展出;"小企业"展厅,介绍的是各个小企业和网络有关的地址;"世界庆典"和"世界美食"展厅展览的是全球各地的庆典活动和美食风味。所有这一切,只要通过网络就可以把所有资料传到博览会现场。

参加展览的有政府机关、企业集团以及个人,只要和"地球村"的主题有关的东西,都可以参加展览。参加这次展览会的国家和地区,有美国、英国、法国、荷兰、瑞典、新加坡、韩国和加拿大等二十多个国家。一些大集团诸如IBM、NCI、NBC等也都参加了展览。

这次博览会的现场,出现在博览会网址的一个主页上,它是博览会的主要构架。所有展厅都出现在主页上,只要坐在电脑前,就可以参观展览。

那么,网络博览会有什么好处呢?

很明显,它无须去搬动展品和利用展厅,这就省去了许多麻烦;另外,参观的人也无须到现场就可以看到想看的东西,这便省去了许多差旅费,并且参加的人数可以很多;这使个人可以了解到网络大世界带给现代人的生活影响和享受。

网络博览会虽然没有占用场地,却占据了十分庞大的网络空间。为了提高展出效果和接受更多的参展者和参观者，世界许多国家的网络都参与展览的网络通达，向观众提供了大规模的服务。相信今后可以通过这样的博览会，为供方和需方提供更有益的交流。

网 络 种 菜

菜农每年经过辛苦劳动，将蔬菜供给城镇居民。但是，在日本东京，一家网络电脑服务公司，却独出心裁，推出了一项前所未有的网络服务项目，就是网上种菜，真是使人有点瞠目结舌。

那么，网络怎么能种菜呢？

日本这家网络服务公司是这样做的：网络用户只要支付1500日元的登记费和同样数额的"种苗费"，就可以在"电子农场"中拥有一片"菜田"。

这样，你就可以在三个月内通过你的终端在"菜田"里种上自己所喜欢的西红柿、茄子、辣椒等无公害蔬菜。

加入"种菜"行列的电脑用户，每星期在自己的电脑屏幕上查看蔬菜的生长状况，画面上会自动出现诸如"浇水"、"除虫"等选择项目，提醒你在电脑上"劳作"。只要你做出选择，电脑就会自动为你代劳，网上的各种蔬菜就会天天生长。

虽然这是用不着亲临现场劳动的一种电子游戏，但是与普通玩电脑游戏不同的是，到了蔬菜的收获期，你有可能真的会收到送上门来的一份新鲜蔬菜呢!

当然,收获也要看你是否勤快,如果勤于"浇水"、"施肥"、"除虫"、"除草"的话,就会收获到许多新鲜蔬菜;如果偷懒,"菜苗"将会枯萎,一无所获。从一定意义上说,网络种菜对鼓励勤奋劳动也是有意义的。

因此,这种"种菜"不能单纯从经济角度去看收获,更要看到这是一种了解种菜知识、提高劳动意识的有意义的活动。

作为真正的菜园也有利可图,一方面宣传和推广了无公害蔬菜,一方面打开了蔬菜直销的销路。

值得注意的是,在最初"种菜"时,你并不一定是种菜内行,即使门外汉,只要是不偷懒都会有收获。所以上网的青少年朋友不要认为自己对种菜一窍不通,便忽视这项游戏。

网上种菜特别适宜都市青少年活动,如果你想获得一些农业技术,尝试"锄禾日当午"的体验,便可以加入网络种菜中,虽然它还不是真实的农业种菜,但还是有一定的益处的。

如果你有这个兴致,就到网上过把"种菜"的瘾吧。

网 络 书 籍

网络书籍,也叫网络图书,以网络为媒介手段,实现浏览借阅与管理网络一体化的电子图书。网络图书一般为读者准备了下载功能，在廉价或免费的资源状态下，网络图书就成了通过鼠标、键盘直接复制转移并保存于私人电脑的电脑数据文件，这是网络图书的高级形式。

网络书籍有什么好处呢？

一部长篇小说在发表的几天里，就可以被世界各地的青少年阅读，却不是通过传统的印刷出版这一环节，这是网络传输的神奇效果。

一般地说，要发表大部头的作品，需要设立单独的网络地址。这样，全世界的网络用户可直接在网上阅读，因为网络的面大，发表迅速快捷，全世界许多读者很快就可以阅读完毕。

法国的电脑工程师库波和杜柏格，从1993年开始创立了"全球珍本爱好协会"，把法国具有世界水平的文学作品输入网络，到1996年底，共输入包括莫泊桑、卢梭、司汤达等著名作家的作品四十多部。据统计，每月有1.5万网络用户进入这一协会开办的"图书馆"，接受法国古典文学的熏陶。

因为网络的神奇作用，我国一些出版社也开始在网络上发布作品。1997年2月，作家出版社和瀛海威信通信公司合作，把一部叫作《钥匙》的长篇小说搬上网，世界各地的读者都能在网上读到这部45万字的描写"文革"后期的爱情小说，国内外许多读者都为这部感人的小说叫绝，并从中体会到人生的真谛。

如果要发表一些小文章，可不必单独设立网址，只要进入大网络附属的栏目中就可以了。例如上网者可进入"上海科教网"下设的各个校园网，在小栏目中发表。上海高达的《外滩今夕》摄影集，就是在网络杂志《上海视窗》上发表的。

华人学者李永明，1992年回国参加分子生物学学术会议，发现中国的分子生物学比较落后，回到美国便发起在美国从事分子生物学研究的34名学者通过网络著书。经过长达四年的函件合作，《实用分子生物学方法手册》终于与中国读者见面了。

有关专家指出，今后信息传播方式将以网络为主，网上图书将是人们生活中不可缺少的部分。中文书刊虽然以国内读者为主，但也要顾及海外华人的众多读者。如果采用网上读书，便可以满足全球华人和其他中文爱好者对中文作品的需求。这种方式既不用印刷，也省去了运费，何乐而不为？

家 庭 办 公

信息高速公路的发展，给人们的生活提供了诸多方便，家庭办公就是其中一项。

由于计算机的普遍使用、通信网络的通达，人们就不用每天去挤公共汽车，并集中在一幢大楼里办公，而只要在家里就可以同样办公，和同事、领导的联系只要使用通信网络就行了，人们称这种家庭办公为"电子别墅"。

家庭办公之所以能够实施，是信息高速公路带来的结果。家庭只要有电脑、传真机、电话等一系列通信设施，就可以随时与公司联系，虽然每个人都在不同的地方，其联系的方便程度如同在一个办公室里一样。

那么，家庭办公有什么好处呢？

第一，大家不用在上班的高峰期去挤公共汽车，这样避免了交通的阻塞和可能出现的事故，并且节省时间；第二，可以省去许多办公设施，甚至连办公室也可以不设或简设；第三，避免人们在同一办公室里人声嘈杂、空气污浊等，有利于提高办公效率和维护人体健康，当然还可以使人们精神集中，有利于完成办公任务。

如果一个人在家中有些腻，还可以使用"卫星办公室"。

所谓"卫星办公室"，就是离家外出，选择一处办公地点，十来个人聚集在那里，用电子终端与公司总部的计算机联网工作。

日本的 NEC 公司，就在试验这种办公方式。这个公司在海外二十多个国家设有二十多个联络处，在十几个国家设有二十多家生产企业和销售公司。这样，该公司的产品就可以从制造到销售，从国内到海外，实现全球化的生产，而公司中心却在日本。

现代通信网络的运行，使在家办公和实现"卫星办公室"成为可能，也就是说，全球化和分散化可以同时进行。

你看，进入信息时代，世界的变化有多大呀！

网上现代政府

尽管网络以自由著称，但却是政府的产物。从美国政府播下互联网的种子开始，互联网的每一步发展都烙上了政府和国家的印记。

网络的发展离不开政府，现代政府同样离不开网络。

近年来，最受人们关注的话题之一，无疑是"政府上网"。我国继1997年企业上网、1998年媒体上网之后，1999年是政府上网年。

政府上网的实质，就是在网络上构建电子政府。电子政府是指运用通信技术打破行政机关的组织界限，而建立起来的一个电子化的虚拟机构。通过这个机构，政府机关之间、政府与社会各界及公众之间，架起了一座桥梁，可以随时随地交流沟通，方便地得到信息和服务。

政府必须上网的原因主要有二：一方面，政府是电子信息技术的最大使用者。政府、企业、家庭是经济行为的三个主体，信息化应当首先从政府的信息化开始。政府信息化是先导，企业信息化是基础，家庭信息化是方向；另一方面，政府是信息资源的最大拥有者。政府的信息资源最多，应当在信息资源开发利用方面先行一步。不仅政府内部需要信息交流，也需要让社会公众及时了解政府的工作。

政府上网是全社会都受益的大事。

政府本身是受益者。电子政府除了能迅速地收集存储和处理信息为各项决策服务外，最现实的受益就是打破了各级政府间文件传递的烦琐性，现在可以充分利用网络的优势，用最快捷的电子方式在政府的上下级之间传递信息。利用互联网，政府可以让公众方便地了解政府机构的组成、职能和办事程序，了解各项政策法规，便于政府与百姓之间的沟通，使政府与公众之间多一种沟通媒体，增加了政府办公的透明度。通过这种双向交流与沟通，使政府工作得到公众的谅解和支持，密切了政府与公众的关系。

在国际关系中，通过政府网站及时宣传本国政府的主张，介绍本国情况，树立良好的国际形象，为本国社会经济发展创造良好的国际环境。

政府上网有利于勤政、廉政建设，有利于接受和加强全社会的监督。上网后，政府一方面给公众以更多的参与感，增强了政府和公众的亲和力；另一方面，倾听民众意见，接受民众监督，减少决策过程中的暗箱操作和腐败现象。

政府上网还有助于解决政府办公的时效性问题，降低管理成本，提高办事效率。而政府上网工程本身由于运用互联网技术，其投入也相对较少。

信息产业界是政府上网最大的受益者。政府上网必然会起到龙头作用，使得网上信息和上网人数急剧增加。政府上网会激活电子商务，使信息产业成为新的投资热点，相关的硬件制造、软件开发和网络服务企业将从中受益。据保守估计，我国政府上网至少需建2000个网站。建一个仅供人们登录浏览的网站，建设费在20万元左右，每年运作费两万元左右，这项工程就能带来千亿元投资和每年4000万元的费用支出。而这些收益仅是九牛一毛，因为政府网站的功能远不仅供浏览而已。

政府上网，普通企业和民众也是受益者。企业获取的信息更多、更有价值了；老百姓不出门就可与政府部门打交道，办事方式更为便利。

电子政府的应用，其内容是多方面的，这里仅举数例：

（1）政府的信息服务。各级政府在网上建有网站，公众可以查询机构构成、政策条文、国务院公告，相当于政府的

"窗口"。一方面为百姓提供信息服务，一方面加强与百姓的沟通联系。

（2）政府的电子贸易。具体说就是政府的电子采购和招标，政府部门以电子化方式与供应商连线进行采购，更易于支付处理作业。

（3）电子化公文。政府办公自动化，公文制作管理电脑化作业，并通过网络进行公文行文。

（4）电子身份认证。以一张智能卡集合个人的医疗资料、个人身份证、工作状况、个人信用、个人经历、收入及缴税情况、公积金和养老保险、房产资料、指纹等身份识别信息，通过网络实现政府部门的各项便民服务程序。

一句话，电子政府的最终目标，是政府组织并综合工商、税务、邮政、交通、运输、医疗、教育、海关、银行等业务，通过网络为公众提供电子化服务和电子化商业服务。

美国作为电脑网络的发起国，在政府上网的进程中也遥遥领先。美国政府网站已经建立得相当成熟。联邦政府一级机构和州一级政府已全部上网，几乎所有的县市都已经建有自己的站点。政府网站的内容非常丰富，各种资讯、数据种类繁多、门类齐全。以人口调查站点为例，用户可以通过网上直观地图的形式，察看到州一级，甚至是县一级的极其详尽的统计数据，内容包括当地人口的数量、性别构成、职业构成、年龄结构、受教育程度等相关资料。

最著名的政府站点是美国白宫站点。它是政府上网的标志，是美国所有政府站点的中心站点。该站点上有一个美国联邦政府站点的完整列表，可以查询到美国政府所有已上网的官方资源。白宫站点的内容包括最新的政府新闻、各种统计数据、政府服务等，也包括总统、副总统的较为轻松的各自家庭介绍等。在政府服务一栏中又有许多链接。打开其中的服务一览表，可看到社会公益、健康医疗、旅游、科学技术等几十个栏目，每个栏目下均有详细内容。这些政府站点，一方面及时发布政府信息，如总统演说、新闻发布会简讯、行政命令以及国家的预算概要等；另一方面，通过电子邮件使公众更易与白宫联系沟通，公众可以随时随地通过互联网将个人意见传达给总统、国会议员及各级政府，并有更多机会参与社区、国家甚至全球事务。

法国政府从1997年开始着手"电子政府"的构建工作。已入网的政府部门包括教育、电信、环境等部门。比较著名的有爱丽舍宫站点和总理站点，普通民众可以通过 E-mail 直接与总统联系。总理站点包括内阁成员、年度工作情况等。

英国政府1996年底推出"电子政府"计划，公众可利用最新的信息技术获得政府的服务。"电子政府"充分利用互联网等新型电子技术，为公众提供纳税、办理各种执照、咨询政策和获取各种信息等便利。

德国联邦议会也在网上开设了主页，向公众发布重要信息，如财政税收决定、全会及各委员会的会议日程以及选举情况等。在"议员成员"栏目中，还可以看到每个议员的职业、财政收支状况和个人传记等资料。如今德国大多数州议会和政府、民间团体等都在互联网上开设了自己的专栏，一些知名政治家更是在网上开设了自己的"电脑空间"。

新加坡政府站点像一个政府白皮书，完全代表政府。中心站点接受用户反映信息，已具有了较为完善的在线服务功能，包括政府各个部门、政府公告、事件焦点、政府在线服务、政府服务一览、站点搜索、用户反馈等。各个政府网站内容一般包括自我职能介绍、服务介绍、相关最新动态、常见问题的解答等。

联合国目前所有的六种工作语言都有了各自的网页，包括中文网页在内的各个网页全面介绍联合国在全球的机构、工作情况和联合国发生的重大事件，成为一个名副其实的"网上政府"。

1998年3月，重庆市政府办公室在网上设立市长电子信箱。这不仅意味着重庆市民和重庆市长之间多了一种热线联系方式，更重要的是其不经意间成为国内政府上网工程的序曲。继重庆开设市长电子信箱后，青岛、南京、海口等地相继开通市长电子信箱，实现了市长与市民在网上对话。

1999年1月21日上午，由中国电信和国家经贸委经济信息中心联合40多家部、委、办、局信息主管部门，共同倡议发起的"政府上网工程"宣布正式启动，"政府上网工程"主站点www.boy.cninfo.net和导向站点www.gov.cn也正式开通。至此，我国"电子政府"的建设已从计划酝酿走向全面实施阶段，我国各级政府相继走上网络之路。

由于政府上网工程的拉动作用，我国政府上网已有长足进展。1999年，有60%以上的部委和省级政府相继上网。目前，国家级政府部门几乎全部申请了域名，都已经投入正式运行。最高人民检察院、海关总署、公安部、信息产业部、国家经贸委和农业部，以及各地政府也都在网上亮相。这些网站从内容到形式上都比以往有很大改进。比如南京市人民政府的网站（www.nanjing.gov.cn），有政府公告、投资指南、市场信息、人才信息、市民信箱、电子商务等各项内容，方便了市民获取信息、了解政府及参政议政等，同时，在该网站上，市民还可以查询到市政公用局、物价局、人事局、组织部等各市属机构的网站，为各机构自觉接受群众监督提供了方便。

网 络 搜 索

互联网是一个信息的海洋，这个海洋正以爆炸性的速度快速地膨胀。当你迫切需要某一信息时，却不知道该如何取得，从何处取得，真有一种大海捞针的感觉。甚至在花费了大量的电话费、网络费和宝贵时间后，仍一无所获，空手而归。为此，在互联网上出现了提供信息检索服务的网站，专门搜寻热门站点，将有关信息分门别类地建立索引，为用户提供信息查询服务，根据用户输入的查询主题，迅速查找到与这主题相关的信息资源。我们称之为 www 导航系统，也就是所谓的搜索引擎。

搜索引擎是互联网上提供信息检索服务的计算机系统。不同的搜索引擎提供的服务各不相同，检索的对象各有侧重，如网址、文章，等等。但所有的搜索引擎大致由三个部分构成：一是在网上搜寻所有信息，并将信息带回搜索引擎；二是将信息进行分门别类的整理，建立搜索引擎数据库；三是通过服务器端软件，为用户提供浏览器界面下的信息查询。

目前互联网上的搜索引擎有很多种，其中最著名的是全文式搜索引擎和分类式搜索引擎。全文式搜索引擎是一种对站点页面文字内容进行全面检索的搜索引擎工具，它的突出优点是信息自动更新快，查询全面充分。当它遇到一个网站时，会将该网站上所有的文章全部获取下来，并收入到引擎的数据库中。只要用户输入某一查询的关键字，而该字在数据库中的某篇文章出现过，那么这篇文章就会返回给用户。全文式搜索引擎的主要缺点是信息内容不太准确。由于是对站点上每个页面的文字进行索引，所以用户进行关键字查询时，得到的结果通常很多，数据库中出现过关键字的页面全部列出，而且排列杂乱无序。目前互联网上著名的全文式搜索引擎站点有 Altavista（http：//www.altavista.digitaal.com），它有着最大、最详细的网址索引。

目前世界上最具代表性的目录或分类搜索引擎是雅虎网站。分类式搜索引擎的优点是将信息分门归类，用户能系统完整、清晰方便地查找到某一大类的信息，例如艺术与人类、休闲与体育等。但是，分类式搜索引擎的搜索范围比全文式搜索引擎要小得多，它不像全文式搜索引擎将网站上的所有文章和信息都收录进去，而是首先将该网站划分到某一类别下，再记录一些摘要信息，对该网站进行简要概述。例如，你要了解"台湾"的有关信息，分类式搜索引擎能帮你了解到某个大类下内容简介中涉及"台湾"字样的信息，全文式搜索引擎则将所有涉及"台湾"字样的文章查找出来。前者少而精，后者大而全。

对于上网者来说，特别是对于刚上网的新手来说，搜索引擎好像是一位勤勉的导游，帮助我们去互联网"宝山"探奇寻幽；又像一把万能的钥匙，帮助我们开启信息世界的大门。

互联网上有多少用户，就有多少人知道雅虎（http：//www.yahoo.com）。

雅虎是互联网上最受欢迎、最为热门的搜索引擎，是人气最旺的网站。它链接速度快，数据容量大，并且是全免费的。

雅虎提供了两种风格的信息查找方式：列表式目录链接和关键词查询。

当你链接到雅虎主页后，可以看见在 Yahoo 标题下方有一个文字输入框，在这里可以输入选定的关键词进行快速查找。页面其他部分的所有文字几乎都以链接方式出现，顶部是一些常用链接，如黄页、寻人、城市地图等。底部是雅虎自身的一些链接。中部是主体，按内容进行分类，分为文化艺术、商业经济、计算机与互联网、娱乐、政府、医疗卫生、新闻媒体、休闲体育、参考资料、国家与地区、自然科学、社会科学、社会文化等部分。

目录列表按树形结构组织，可以从点击根链开始，不断深入，最终到达所需的 Web 页、新闻组、FRP 站和其他可由 Web 访问的资源。这种列表式分层搜寻易于控制，适合浏览性的查找，但因层次内容太多会感到速度太慢，为此，雅虎提供了另一种选择，那就是利用关键词匹配查询。

在雅虎的主页或任何一个查询结果返回页顶部和底部，你都会看见一个输入框。当你在此填入指定的关键词，单击右侧的 Search 按钮后，雅虎就会从它四个方面的数据库中找出相匹配的记录，它们是目录、网点、网上事件和谈话及最新新闻。查询结果返回的是若干页与关键词匹配的记录列表，最前面的是目录链，其后是网点，网点记录通常由标题（以链接形式出现）和简介组成。如果在雅虎目录和网点中都没有相匹配的内容，则自动利用 Alltavista 查询进行整个 Web 范围的文档查找。如想获得与关键词匹配的最新新闻和网上事件的列表，可以单击该页上部目录条上的相应链接。

那时绝大部分搜索引擎是英文，不支持对中文关键词的检索，查询结果以英文形式反馈，查询范围不能涵盖中文网页，中国的广大用户感到很不方便。为此，中文搜索引擎应运而生。

早在 1996 年 5 月，中国香港优联克国际有限公司就推出了一个高度智能的中文搜索引擎 Goyoyo（http：//www.goyoyo.com）。它已和全球数万个中文互联网网页相连，不停地查找新网页和网页中的最新资料，并自动按照社会生活、财经投资、时事、社会科学、自然科学等项目进行分类。使用它查找资料时，既可以按照它的分类项目进行检索，也可以直接输入关键词查找所需的中文资料，十分方便。

雅虎中文版（http：//www.gbchinese.yahoo.com）于 1998 年 6 月发行，对象是全球的华人用户。

中国大陆也陆续开发出了多种搜索引擎，正逐步趋向成熟。比较有名的有搜狐（http：//www.sohu.com.cn）、网易（http：//www.163.com）、百度（http：//www.baidu.com）等。

互联网改变生活

20世纪70年代末，曾经有人预言："这一代人由于计算机的使用，而将自己的生活限制在狭隘封闭的机器世界里，造成了自闭、疏远和人际关系的真空化。"事实上这完全是杞人忧天。

互联网带给我们全新的生活方式，使我们的生活内容发生翻天覆地的变化，网络生活方式扩大了而不是缩小了人们的视野和交际面。用一根电线连接，世界成为一个村落。防盗门里蜗居的现代人并不孤独，网络世界天涯咫尺，全新的交际方式带来了全新的乐趣。

在现实生活中，书信、电话、交流信息和想法、聊天等，是人与人交往的最常见的方式。在网上，人们的交往变得更加快捷、方便、轻松和自由。电子邮件、网络电话、电子公告栏（BBS）、网站聊天室，可使我们打破时空界限广交天下朋友。

的确，网络的广泛性、开放性，为我们的交际提供了极大的空间——确切地说是全球！同时，网络的易用性、高效性，又为我们在网上交际提供了极大的方便——你能在极短的时间内同别人建立联系，而无论他是近在咫尺，还是远在天涯！

电子邮件是互联网最基础的应用。它不仅是人们在互联网上最先学习的内容，而且也是互联网最引人入胜的地方，以至于有很多人误认为互联网就是发电子邮件，与分散于世界各地不同角落的同学保持联系。只要是网民，都使用过电子邮件，一些发达国家的网民，每天要处理几十封乃至更多的电子邮件。在我国，名片上除了印有地址、电话、手机号码外，印上电子邮件的地址渐渐成为一种时尚。

电子邮件，顾名思义也是一种邮件。它与日常生活中邮局发送的邮件基本上是相同的，它们都是一种信息载体，用来帮助我们相互交流。电子邮件与日常邮件的不同之处，在于实现通信的方式不同。

邮局信件需要用纸张书写，贴足邮票后通过邮局收发。电子邮件则在计算机上书写，然后通过计算机网络传递。电子邮件的工作机制是模拟邮政系统，使用"存储—转发"的方式，将邮件从用户的电子邮件信箱，转发到目的地主机的电子邮件信箱。

与传统邮件相比较，电子邮件的优点是明显的。传统邮件，从确定内容，找来纸、笔、书写完毕，装入信封，贴上邮票，到投入邮筒，再经过邮局传递，费时、费神又费力。国内邮件一般需要几天，国际邮件的时间更长，从中国到美国的信件一般需要两周时间。使用电子邮件，情况就完全不同了。你可以几乎每天都登录互联网上，随时查阅信件，并立即给重要的信件回信。邮件的传输按电子速度进行，在地球范围内，做到收发同步。从中国发给世界任何地方的电子邮件，一般都能在几秒钟内到达，而且安全可靠。电子邮件的费用，只是传统邮件的几分之一或几十分之一，是越洋电话的几百分之一。

现代人生活节奏加快，经常处于流动变迁之中，人与人之间经常会失去联系。例如，你的居住地址或工作地点改变，你出差去了别的城市，你出国旅游了等，你的朋友如何才能跟你随时联系上呢？按传统的方式是困难的。但是，电子邮件地址使你在地球上有了一个固定的地址。不论你在哪里，你的朋友都可以通过电子邮件与你联系上，除非你有意改变你的电子邮件地址。更为奇妙的是，任何朋友都可以与你联系上，却无法知道你的实际位置，因为电子邮件地址只是一个联络符号，而不是街道的门牌号码。

电子邮件不仅快捷方便、费用低廉，传递的信息也非常丰富，除了文字外，还可传送图片、声音等。你可以使用扫描仪，将日常生活的照片扫入电脑，并发送出去；你也可以将祝福的话语，制作成语音文件，发给远方的朋友们；教师节、元旦、春节等节日到了，过去传统的表达方式，就是寄送贺卡，现在的网上贺卡，已越来越被人们尤其青少年网友所乐意接受。

电子贺卡可以在许多站点免费得到。给国内的朋友发贺卡，可以到北京讯合公司的综合贺卡站，那里有生日贺卡、节日贺卡、情意贺卡、综合贺卡、春节贺卡。只要在选好的图像上点击一下，再填上姓名、邮件地址和赠言，电子贺卡会自动发到指定地址。首都在线网站的网上传情站点，有温馨卡、开心卡、特别卡等，有丰富的图片和各种赠言供你选择。选好图片和赠言，填上想说的话和各自的姓名、电子邮件地址后点击"发送"钮即可；给香港的朋友发贺卡，可以去中国香港资讯联网电子邮卡中心，生日卡、情人卡、问候卡、恭贺卡、道歉卡等应有尽有，还可用自备的图片自行设计自己喜欢的各种贺卡；给台湾朋友发贺卡，可去城市艺廊浪漫贺卡站；给国外朋友发贺卡的站点就更多了，各式各样的电子贺卡，令人目不暇接。

何婷芳是福建师范大学的一位19岁的女大学生，来自闽西北的贫困山区，不幸患上了脊椎恶性肿瘤。1998年3月20日，一则题目为《SOS！一个生命垂危者的呼救》的帖子，从福建八闽公司的BBS向互联网这个虚拟世界发出。随后几个月里，网上网下彼此陌生的人们，奉献出一颗颗火热的爱心。这位"互联网的女儿"，在涌动的爱心和高超的医术下终于康复了。BBS神奇地将何婷芳与世界各地的网友紧密地联系在一起。

BBS即电子公告栏系统，是Bulletin Board System的英文缩写，它类似于街头和校园里的公布栏，都是张贴信息的地方，只不过BBS是利用电脑来传播或取得信息。

早期BBS的建立非常简单，只要有电话线路、一台或几台电脑、调制解调器、站长（BBS的管理人员，主要负责站点的维护、对软件交流区的管理、新用户注册、新讲座区开张等工作），以建立一个BBS站点，然后公布站点的电话号码，以供大家访问。网民通过公用电话系统拨号直接进入BBS，与站点交换信息。

随着互联网的发展，BBS这个网络虚拟社区就更加红火起来。现在一般意义上的BBS，都是指在互联网上的电子公告栏。这种需要用TCP/IP协议进行远程登录的BBS已远非拨号BBS可比，其容量巨大、内容繁杂，信息量剧增，人气很旺。

BBS的主要功能是信件讨论。任何入网的人，都可以将自己的想法和信息张贴到网络上，让其他的人分享这些想法和信息。如果你对某一个话题感兴趣，就可以回封信参与讨论。讨论的话题上至天文、下至地理，人间万象，无所不包。通过 BBS 进行的交流，可以使人与人之间的距离和隔阂消失，超越空间的障碍，撞出心灵的火花。因此，BBS 是一个交朋友、学知识的好场所。多写信，多参与讨论，能够交到一大批朋友。

BBS 交友别有一番情趣。因为 BBS 用户的分布比互联网用户集中得多，大多在同一城市中，这就方便了成员间的进一步交流。经常会遇到这样的情况：网友们不仅可以在网上交流，还可以举行网友聚会。当 BBS 成员第一次聚会时，平时大家在网上打交道，真见了面又觉得彼此十分陌生，直到互报姓名或别号后才慢慢对上号。这种虚拟交往与现实交往的结合，更平添了几分神秘。

网上聊天可算是网友最热衷的一种交流方式。说起聊天室，相信许多人都会对它念念不忘，甚至始终怀有一份特殊的感情。

在互联网上，聊天室数不胜数，是你闲暇之余放松自己、愉悦身心、畅所欲言、广交朋友的好去处。参加这种聊天，你只要学会使用浏览器，像浏览普通网址一样登录到相应的聊天网站即可。有些聊天室需要先注册，然后才能使用。用鼠标点击"注册"后，即可进入注册页面。对于页面上显示的聊天室的规则、纪律以及互联网安全保护规定等，你必须用鼠标点击"我接受以上条例"，才能进入到用户注册页面。在用户注册页面上，填写好用户名和口令，用鼠标点击"请返回进入聊天室"，则回到聊天室的主页。接着在"用户名"和"口令"输入框中，输入已注册的用户名和口令，用鼠标点击"发送"，你所说的话就会在输出区内显示出来。在输出区里，聊天室内所有网友的发言都会显示出来，当然包括你所选择的聊天对象。每隔一段时间，显示的发言内容会自动更新。如果聊天对象针对你的话做出了回答，那么聊天就可以继续进行了。

聊天室是最容易发生网络奇缘的网络交流场所。它比网络寻呼 ICQ 的一对一要有更多的选择，比电子邮件有更多的交互性，可以说这里结交的朋友都是经过残酷的淘汰优选出来的，多数朋友只是网络时空里的一顿精神快餐。聊天室较之其他方式最直接的优势，就在它的名字上，它不是供人们工作用的，尽管它有时也起到一点便利工作的作用。

网上聊天的真正魅力，不在于所聊内容是否"有聊"或"无聊"，而在于有那么多的陌生朋友搭理你。不管你是网上的"小虫"还是"大虫"，不管你是不是有经验或者有多大学问，你都会发现和你聊天的朋友的可爱之处，比如，喜欢诗文的朋友大段大段地独自吟唱，喜欢露脸的朋友常贴几张图片上去，沾沾自喜一番。

有人说聊天室是信息技术时代的虚拟酒吧、咖啡屋，其实聊天室比两者更具有酒吧或咖啡屋的精神，因为它连酒和咖啡都没有了，只剩下聊天。聊天室与酒吧、咖啡屋的区别还是非常明显的，这里一切都是虚拟的，没有面对面的物理特征，没有年龄、职业、身份等的区别，甚至你连对方的性别都不能确定，这就给彼此有了比教堂忏悔室小窗板更安全的心理屏障，使聊者更能放松。我们实在无法明确评判你们的话题是有趣的，而他们的话题是无聊的，总之只有相互聊着的双方才是快乐的。大多数网友非常支持和热衷于这种交谈方式，都认为聊天室是一个来去自由、各取所需的地方。

当然，在聊天中，你如果违反了聊天室的有关规定，发言中有色情语言或者对其他人进行攻击、谩骂，会受到聊天室管理员的惩罚，使你的发言无法显示出来或被驱逐出聊天室。

随着网龄的不断增长，你可能不再满足于总是到别人的网站里闲逛，总是自己主动去和别人交朋友。如果你能在网上自己安个家，敞开大门迎接八方宾客的到来，也能在某一天突然收到一些陌生朋友通过电子邮件发来的交友信，那该是多么有趣的事情！

虽然在网上建立个人主页能更大范围地拓宽你的交友面，然而要想真正使你的"小家"宾客盈门而不是门可罗雀，你还必须下大功夫维护好你的网页，使它真正成为网友们乐意经常光顾的地方。同时，还要做好登录、宣传等一系列提高网站知名度的工作。

除了用电子邮件可以极方便地与网友们联络外，你的电脑上还应该装备网络寻呼机 ICQ，这个小软件是一个非常有用的网上通信工具，几乎是每一个网虫所必备的。它的主要功能是：当你上网时，能够立刻显示已经与你建立联系的网友们的上网情况。你可以通过1CQ给你正在线上的朋友发去一个问候，或询问某个问题，等等；这种联络绝对是"即时"的，就像打招呼一样，非常方便。

如果你厌倦了枯燥的"手谈"，那就在电脑上安装一种"网络电话"软件，你就可以真正通过网络聆听你心仪已久的网友们的声音，就像打电话一样。这种方兴未艾的新型电话，与我们生活中的普通电话唯一不同的是，无论你的朋友离你多远，你所付出的仅仅是本地的普通市话费。